時間 **15**分 | 合かく **80点** | /**100** | 月　日

JN111052

[5×7の答えは、5×6＋5や5×8－5と同じです。]

1 □にあてはまる数を書きましょう。　教 上9〜11ページ**1**、11ページ⚠　30点（1つ5）

① 5×7の答えは、5×6の答えより $\boxed{5}$ 大きい。

② 7×8の答えは、7×9の答えより $\boxed{}$ 小さい。

③ 4×6＝4×5＋$\boxed{}$

④ 6×3＝6×4－$\boxed{}$

⑤ 9×$\boxed{}$＝9×4＋9

⑥ 8×$\boxed{}$＝8×7－8

2 □にあてはまる数を書きましょう。　教 上9〜11ページ**1**　40点（1つ10）

① 6×7＝$\boxed{}$×6

② 9×$\boxed{}$＝3×9

③ 8×5＝5×$\boxed{}$

④ 4×$\boxed{}$＝2×4

3 下の①、②、③は、九九の表（ひょう）の一部（いちぶ）です。●でかくれた数を答えましょう。

教 上11ページ⚠　30点（1つ10）

①

●	12	16
10	15	20
12	18	24

（　　　　　）

②

21	24	27
28	32	●
35	40	45

（　　　　　）

③

42	49	56
48	●	64
54	63	72

（　　　　　）

●かけ算
① 九九を見なおそう
1 かけ算のきまり
……(2)

時間 **15**分 | 合かく **80**点 | /100

月　日
答え **79**ページ
サクッと
こたえ
あわせ

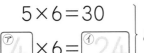

[九九を使うと、8×□＝32 の□にあてはまる数が見つかります。]

❶ かけ算のきまりを使って、9×6 の答えをもとめます。□にあてはまる数を書きましょう。　📖教上12ページ❷、上13ページ❸　　　30点(1つ5)

① 9×6 の 9 を分けて考えて、

5×6＝30
ᵗ㋐ 4 ×6＝ ㋑ 24 } あわせて ㋒ 54

② 9×6 の 6 を分けて考えて、

9×2＝18
9× ㋐ ＝ ㋑ } あわせて ㋒

⚠ミスに注意!

❷ □にあてはまる数を書きましょう。　📖教上12ページ⚠、上13ページ⚠　　10点(1つ5)

① 7×4 の答えは、□×4 と 5×4 の答えをあわせた数です。

② 3×8 の答えは、3×5 と 3×□ の答えをあわせた数です。

❸ かけ算のきまりを使って、10×5 の答えをもとめます。□にあてはまる数を書きましょう。　📖教上14ページ❹　　20点(1つ5)

① 10×5＝10＋10＋10＋10＋10
＝□

② 10×5 の 10 を分けて考えて、

6×5＝30
㋐ ×5＝ ㋑ } あわせて ㋒

❹ かけ算のきまりを使って、7×10 の答えをもとめます。□にあてはまる数を書きましょう。　📖教上14ページ❹　　10点(1つ5)

① 7×10＝7×9＋□

② 7×10＝10×□

❺ 5人に 10 こずつあめを配ります。あめは、全部で何こいりますか。
　📖教上14ページ⚠　30点(式15・答え15)

式

答え （　　　　　　）

教科書📖 上12〜14ページ

●かけ算
① **九九を見なおそう**
１　かけ算のきまり　　　　　　　……(3)　答え **79**ページ

[13×4の答えは、13を10と3に分けて、10×4＋3×4と考えます。]

❶ 13×4の答えを、いろいろな考え方でもとめます。□にあてはまる数を書きましょう。 📖教上15〜17ページ❺　　　　　　　　　45点(1つ5)

① 13＋13＋13＋13＝ 52

③

② 13×4 ⟨ ㋐ 10 ×4＝ ㋑ 40
3 ×4＝ ㋒ ☐
あわせて ㋓ ☐

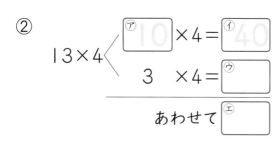

13×4＝ { ㋐ ☐ ×4 ＝ ㋑ ☐ }
4× ㋒ ☐ ＝16

あわせて、 ㋓ ☐

❷ いろいろな考え方で、15×4の答えをもとめます。□にあてはまる数を書きましょう。 📖教上17ページ⑥　　　　　　　25点(1つ5)

①

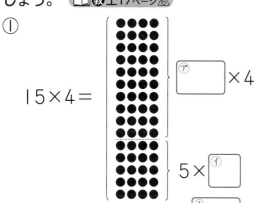

15×4＝ { ㋐ ☐ ×4
5× ㋑ ☐ }
あわせて、 ㋒ ☐

② 15×1＝15
15×2＝30
15×3＝ ㋐ ☐
15×4＝ ㋑ ☐

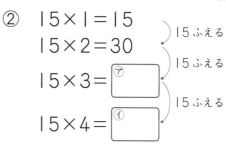

15ふえる
15ふえる
15ふえる

❸ 次の計算をしましょう。 📖教上15〜17ページ❺　　　　　30点(1つ5)

① 13×5　　　　② 13×6　　　　③ 13×7

④ 14×4　　　　⑤ 14×6　　　　⑥ 14×8

きほんの
ドリル
→4.

時間 15分 | 合かく 80点 | /100

月　　日

サクッと
こたえ
あわせ

答え 79ページ

● かけ算
① **九九を見なおそう**
2　0のかけ算／3　かける数とかけられる数

[0のかけ算の答えは、0です。2×0＝0、0×2＝0]

⚠️ミスに注意！

❶ 右の表は、ひろみさんのおは
じきゲームのとく点をまとめたも
のです。📖教 上20〜21ページ❶

点数	3点	2点	1点	0点
入った数（こ）	2	0	3	3

50点（1つ5、③は式5・答え5）

① 　3点と1点のところのとく点を式に書いてもとめます。□にあてはま
る数を書きましょう。

3点…3×⑦2＝①6　　　1点…1×⑦□＝①□

② 　2点と0点のところのとく点を式に書いてもとめます。□にあてはま
る数を書きましょう。

2点…2×⑦□＝①□　　　0点…0×⑦□＝①□

③ 　とく点の合計は何点ですか。

式

答え（　　　　　　　）

❷ 次の計算をしましょう。📖教 上21ページ⚠️　　　30点（1つ5）

① 　4×0　　　② 　0×3　　　③ 　1×0

④ 　0×8　　　⑤ 　0×0　　　⑥ 　9×0

❸ □にあてはまる数を書きましょう。📖教 上22ページ❶、⚠️　　　20点（1つ5）

① 　4×□＝12　　　② 　9×□＝63

③ 　□×8＝64　　　④ 　7×□＝28

教科書📖 上20〜22ページ

まとめの
ドリル
➔5。

●かけ算
① **九九を見なおそう**

時間 **15**分 ｜ 合かく **80**点 ／**100**

月　日

サクッと
こたえ
あわせ

答え **80**ページ

⚠️ミスに注意！

1 ☐にあてはまる数を書きましょう。　　　　　30点（1つ3）

①　4×9 の答えは、4×8 の答えより ☐ 大きい。

②　8×6 の答えは、8×☐ の答えより 8 小さい。

③　7×5＝7×4＋☐　　　　④　9×8＝9×9－☐

⑤　3×7＝☐×3　　　　　　⑥　6×9＝9×☐

⑦　☐×8＝32　　　　　　　⑧　6×☐＝48

⑨　☐×9＝63　　　　　　　⑩　8×☐＝56

---

2 ☐にあてはまる数を書きましょう。　　　　　60点（1つ4）

①　8×9 ⟨ 5 ×9＝㋐☐
　　　　　㋑☐×9＝㋒☐
　　　　　―――――――
　　　　　あわせて ㋓☐

②　10×8 ⟨ ㋐☐×8＝㋑☐
　　　　　　4 ×8＝㋒☐
　　　　　―――――――
　　　　　あわせて ㋓☐

③　15×6 ⟨ ㋐☐×6＝㋑☐
　　　　　　5 ×6＝㋒☐
　　　　　―――――――
　　　　　あわせて ㋓☐

④　16×3 は、8×3 の ㋐☐ こ分
　　　だから、24＋㋑☐＝㋒☐

---

3 答えが 0 になるかけ算の式はどれですか。　　　10点

　㋐　0×8　　　㋑　1×1　　　㋒　0×0　　　㋓　4×0

　　　　　　　　　　　　　　　　　　　（　　　　　）

教科書 📖 上8〜23ページ

時間 **15**分 ｜ 合かく **80**点 ｜ /**100** ｜ 月 日

● 時こくと時間のもとめ方
② **時こくと時間のもとめ方を考えよう**
Ⅰ 時こくと時間のもとめ方

答え **80**ページ

サクッと
こたえ
あわせ

[2時50分から30分後の時こくは、3時で2つに分けて考えます。]

❶ 家を2時50分に出て、30分歩いて駅に着きました。 教上24ページ❶

30点(1つ10)

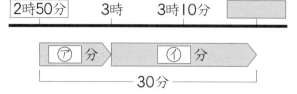

① ㋐、㋑にあてはまる数を書きましょう。

2時50分　3時　3時10分

㋐ 分　㋑ 分
——————30分——————

㋐(10)
㋑( )

② 駅に着いた時こくは何時何分ですか。 ( )

❷ 公園で、3時50分から4時30分までサッカーをしました。 教上25ページ❷

① ㋐、㋑にあてはまる数を書きましょう。

30点(1つ10)

3時50分　4時　　　　4時30分

㋐ 分　㋑ 分
分

㋐( )　㋑( )

② サッカーをした時間は何分ですか。 ( )

❸ 50分と30分をあわせると、何時間何分になりますか。

0　　　　　　　　　　1時間

教上27ページ❹　10点

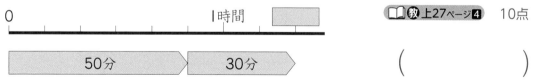

50分　　30分

( )

❹ 次の時間は、何時間何分かをもとめましょう。 教上27ページ⑥ 30点(1つ15)

① 20分と50分をあわせた時間 ( )

② 1時間40分と30分をあわせた時間 ( )

教科書 上24～27ページ

サクッと
こたえ
あわせ

答え 80ページ

● 時こくと時間のまとめ方
② **時こくと時間のまとめ方を考えよう**
2 短い時間

[ストップウォッチの1めもりは1秒で、1分＝60秒です。]

❶ 下のストップウォッチは、何秒を表していますか。 📖教上28ページ①

20点(1つ10)

①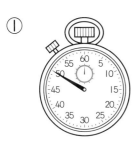

(50 秒)

②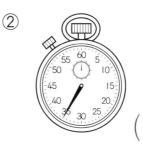

(   )

❷ 下のストップウォッチについて答えましょう。 📖教上28ページ① 20点(1つ10)

① 何秒を表していますか。

(   )

② 長いはりが、ひと回りすると何秒ですか。

(   )

❸ □にあてはまる数を書きましょう。 📖教上28ページ❶、⚠

50点(①〜③1つ10、④⑤全部できて1つ10)

① 1分＝ □ 秒

② 5分＝ □ 秒

③ 1分30秒＝ □ 秒

④ 100秒＝ □ 分 □ 秒

⑤ 85秒＝ □ 分 □ 秒

❹ 100mを走るのに、あきらさんは18秒、みゆきさんは20秒かかり
ました。どちらが何秒はやく走りましたか。 📖教上28ページ 10点

(   )

サクッと こたえ あわせ

答え 80ページ

● わり算

③ 同じ数ずつ分けるときの計算を考えよう

Ｉ　１人分の数をもとめる計算

[4人に同じ数ずつ分けるときは、「○÷4」と書いて、わり算でもとめます。]

❶ 16 このクッキーを、4人で同じ数ずつ分けると、1人分は4まいになります。

📖教 上31〜32ページ❶　20点(1つ5)

①　式を書きましょう。　　⑦ 16 ÷ ④ 4 = ⑦ 4

②　①のような計算を何といいますか。　　（　　　　　　　　）

❷ りんごが 15 こあります。3人で同じ数ずつ分けると、1人分は何こに なりますか。式を書きましょう。　📖教 上31〜32ページ❶　　10点

（　　　　　　　　）

❸ 「20÷4」を計算します。次の問いに答えましょう。　📖教 上33〜34ページ❷

20点(1つ10)

①　何のだんの九九を使えばよいでしょうか。

（　　　　）のだん

②　20÷4 はいくつですか。

（　　　　　）

❹ 九九を使って、次のわり算をしましょう。　📖教 上33〜34ページ❷　30点(1つ10)

①　12÷3　　　　②　32÷8　　　　③　72÷9

❺ 42 本のえん筆を6人に同じ数ずつ分けると、1人分は何本になります か。　📖教 上33〜34ページ❷、34ページ④　20点(式10・答え10)

式

答え（　　　　　　　）

教科書 📖 上30〜34ページ

時間 **15分** ｜ 合かく **80点** ／100 ｜ 月　日

サクッと
こたえ
あわせ

●わり算

③ **同じ数ずつ分けるときの計算を考えよう**

2　何人に分けられるかをもとめる計算

答え 80ページ

[4こずつ配ると何人に配れるかは、「〇÷4」と書いて、わり算でもとめます。]

❶ 次の□にあてはまる数や記号、ことばを書きましょう。　📖教 上35〜37ページ❶

70点(1つ10)

① 18 このおはじきを、1人に3こずつ分け

ると、6 人に分けられます。式で書くと、

18 ÷ 3 = 6 （人）　　…(ア)

のように、□ 算になります。

3こずつに
分けると、
いくつに
分けられる
かな。

② (ア)の計算では、□ のだんの九九を使って、

3×□=18 の□にあてはまる数をもとめます。

③ 15÷3 の式では、15 を □ る数、3を □ る数といいます。

❷ 「18÷6=□」を計算します。次の問いに答えましょう。　📖教 上37〜38ページ❷

10点(1つ5)

① 6×□=18 と考えるとき、□にあてはまる数を書きましょう。

（　　　　　）

② 18÷6 はいくつでしょう。

（　　　　　）

❸ りんごが 28 こあります。1人に 4 こずつ分けると、何人に分けられま

すか。　📖教 上37〜38ページ❷　　10点(式5・答え5)

式

答え （　　　　　）

❹ 42 m のはりがねを、6 m ずつに切ると、何本になりますか。

📖教 上38ページ③、④　10点(式5・答え5)

式

答え （　　　　　）

教科書 📖 上35〜39ページ

 時間 **15**分　合かく **80**点　／100　

● わり算

③ 同じ数ずつ分けるときの計算を考えよう
3　0や1のわり算

答え **81** ページ

わられる数とわる数が同じ数のとき、答えは1になります。わられる数が0のとき、答えは0になります。

❶ 箱に入っているプリンを、6人で同じ数ずつ分けます。

1人分は何こになりますか。　📖教上40ページ❶　40点(式1つ10・答え1つ10)

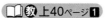

① 6こ入っているとき

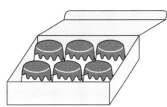

式　　　全部の数　　人数　　1人分の数
6 ÷ 6 = □

答え（　　　　　）

② 入っていないとき

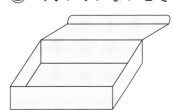

式

答え（　　　　　）

わる数が1のとき、答えはわられる数と同じになります。

❷ 8このおはじきを、1人に1こずつ分けます。何人に分けられますか。

📖教上40ページ❶　30点(式15・答え15)

式　　　　　　　　　　　　　　答え（　　　　　）

❸ 次の計算をしましょう。　📖教上40ページ⚠　30点(1つ5)

① 3÷1　　　② 0÷3　　　③ 5÷5

④ 0÷9　　　⑤ 6÷1　　　⑥ 8÷8

教科書 📖 上40ページ

きほんの
ドリル
11

時間 15分 / 合かく 80点 /100

● たし算とひき算の筆算
④ 大きい数の筆算を考えよう ……(1)
1 3けたの数のたし算 ……(1)

サクッとこたえあわせ
答え 81ページ

月 日

[3けたのたし算の筆算も、位をそろえて、一の位からじゅんに計算します。]

1 122円のジュースと、183円のおかしを買うと、代金はいくらになりますか。式を書いて、筆算でしましょう。 📖教上45〜46ページ❶

30点(式10・筆算10・答え10)

式 122＋183＝305

筆算
```
  1 2 2
+ 1 8 3
```

答え（　　　　　　　）

一の位からじゅんにたします。

2 次の筆算をしましょう。 📖教上46ページ⚠ 40点(1つ5)

① 254＋635

② 436＋337

③ 582＋277

④ 503＋ 80

⑤ 607＋ 63

⑥ 43＋473

⑦ 45＋740

⑧ 483＋ 92

位をそろえて書いて、くり上がりに気をつけよう。

3 375円の本を1さつと、289円のペンを1本買うと、代金はいくらになりますか。式を書いて、筆算でしましょう。 📖教上45〜46ページ❶

30点(式10・筆算10・答え10)

式

筆算

答え（　　　　　　　）

教科書 📖 上44〜46ページ

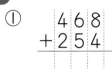
時間 **15**分 | 合かく **80**点 | /**100**

サクッと
こたえ
あわせ

答え **81**ページ

❶ 筆算をしましょう。 ◻️❹上46ページ**❷**　　　　　　30点(1つ15)

①
```
  468
+ 254
```

②
```
  597
+ 532
```

くり上がった分
をたすのをわす
れずに。

⚠️ミスに注意!

❷ 筆算で計算しましょう。 ◻️❹上46ページ⚠️　　　　　40点(1つ5)

① 258+687　　② 786+407　　③ 389+42

④ 74+568　　⑤ 408+495　　⑥ 378+28

⑦ 615+632　　⑧ 509+742

一の位、十の位、
百の位のじゅんに
計算するよ。

❸ たけしさんは本を 345 ページまで読みました。今週 156 ページ読むと、あわせて何ページになりますか。式を書いて、筆算でしましょう。

式　　　　　　　　　　◻️❹上46ページ　30点(式10・筆算10・答え10)

筆算

答え （　　　　　　　　　）

教科書◻️ **上46**ページ

●たし算とひき算の筆算
④ **大きい数の筆算を考えよう** ……(3)
2　3けたの数のひき算　……(1)

サクッと
こたえ
あわせ

答え 81ページ

［3けたのひき算の筆算も、位をそろえて、一の位からじゅんに計算します。］

❶ えみさんの組では、使用ずみ切手を集めています。先月は218まい、今月は185まい集めました。先月は、今月より何まい多く集めましたか。式を書いて、筆算でしましょう。　📖教上47ページ❶　30点(式10・筆算10・答え10)

式　218－185＝33　　筆算
```
  2 1 8
－ 1 8 5
```

一の位から
じゅんにひくよ。

答え（　　　　　　　　　　）

⚠️ミスに注意!
❷ 次の筆算をしましょう。　📖教上47ページ❶、⚠️　　40点(1つ5)

①
```
  5 4 7
－2 1 5
```

②
```
  8 6 5
－5 1 1
```

③
```
  4 3 1
－2 0 2
```

④
```
  3 5 2
－  3 6
```

⑤
```
  6 8 0
－    7
```

⑥
```
  7 2 8
－3 7 3
```

⑦
```
  9 0 5
－  5 4
```

⑧
```
  2 8 9
－  9 8
```

どの位がくり下がる
かな。

❸ 480ページの本と、473ページの本があります。ちがいは何ページですか。式を書いて、筆算でしましょう。　📖教上47ページ❶

30点(式10・筆算10・答え10)　筆算

式

答え（　　　　　　　　　　）

教科書 📖 上47ページ

きほんの
ドリル
14。

●たし算とひき算の筆算
④　大きい数の筆算を考えよう ……(4)
2　3けたの数のひき算　　　　　……(2)

時間 15分　合かく 80点　／100

月　　日

サクッと
こたえ
あわせ
答え 82ページ

❶ □にあてはまる数を書きましょう。　📖教上48ページ❷　30点(1つ5)

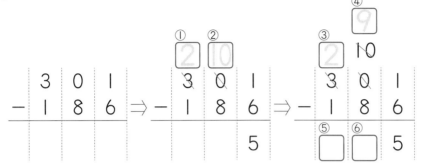

百の位から
くり下げます。

```
     ①  ②              ③  ④
     2  10              2  10
   3  0  1    3  0  1    3  0  1
 - 1  8  6  - 1  8  6  - 1  8  6
⇒           ⇒
              5         ⑤ ⑥  5
```

❷ 筆算をしましょう。また、たし算を使って、答えのたしかめをしましょう。

📖教上48ページ❷、49ページ⚠　20点(1つ5)

① 　筆算　　　たしかめ　　　② 　筆算　　　たしかめ

```
   601                  500
 - 545                - 498
```

❸ 筆算をしましょう。　📖教上49ページ⚠　30点(1つ10)

①
```
   404
 -  68
```

②
```
   605
 -  39
```

③
```
   708
 -  79
```

❹ 次のひき算を、右の□の中の考えにならって計算しましょう。

📖教上49ページ❸①　20点(1つ10)

① 1000−233　　　② 1000−326

```
  1000−184
      9 9
    10 10
    1 0 0 0
  -   1 8 4
      8 1 6
```

千の位、百の位、
十の位から
くり下がるね。

教科書 📖 上48〜49ページ

時間 **15**分 ｜ 合かく **80**点 ｜ /100 ｜ 月　日

サクッと
こたえ
あわせ

●たし算とひき算の筆算
④ **大きい数の筆算を考えよう** ……(5)

答え **82**ページ

[たし算やひき算の筆算のしかたは、数が大きくなってもかわりません。]

❶ 筆算をしましょう。　📖教上50〜51ページ❶　　60点(1つ10)

① 　 1426
　 ＋3572

② 　 4639
　 ＋5172

③ 　 3706
　 ＋2498

④ 　 8697
　 －4253

⑤ 　 7281
　 －3546

⑥ 　 6045
　 －2387

⚠ミスに注意!

❷ 筆算で計算しましょう。　📖教上50〜51ページ❶　　40点(1つ5)

① 1586＋3249

② 6084＋2931

③ 8532＋476

④ 65＋4935

⑤ 5824－1382

⑥ 9104－7596

⑦ 7384－926

⑧ 2031－59

位をそろえて、
一の位からじゅん
に計算します。

教科書 📖 上50〜51ページ

●長いものの長さのはかり方と表し方

⑤ 長い長さをはかって表そう

| 長いものの長さのはかり方

[まきじゃくに書かれている ○m より長いのか、短いのかを考えましょう。]

⚠ミスに注意!

❶ ↓のめもりが表す長さを書きましょう。　📖教上58ページ⚠　80点(1つ10)

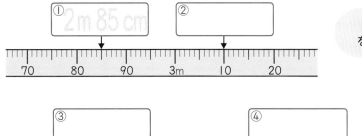

①2m85cm　②

1めもりは、1cm を表しているよ。

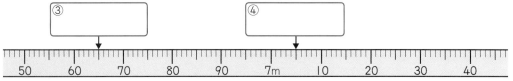

③　④

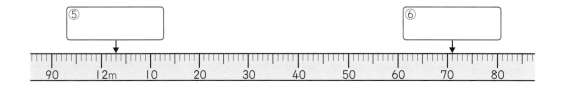

⑤　⑥

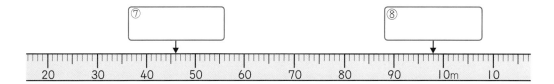

⑦　⑧

❷ 次の長さを、下のまきじゃくに↓でしるしをつけましょう。　📖教上58ページ⚠

20点(1つ10)

① 5m25cm

② 1m16cm

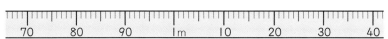

教科書 📖 上56〜59ページ

時間 **15**分　合かく **80**点　/**100**

月　日

サクッと
こたえ
あわせ

答え **82**ページ

●長いものの長さのはかり方と表し方
⑤　**長い長さをはかって表そう**
2　長い長さのたんい

［1000 m を1キロメートルといい、1km と書きます。］

① 次の□にあてはまる数を書きましょう。　📖教 上60〜61ページ❶　50点(□1つ5)

① 2km＝ 2000 m

② 7km＝ ⬜ m

③ 5000 m＝ ⬜ km

④ 8000 m＝ ⬜ km

⑤ 3580 m＝ ⑦3 km ⑦580 m

⑥ 1037 m＝ ⑦⬜ km ⑦⬜ m

⑦ 2km 650 m＝ ⬜ m

3580 m は、3000 m と
580 m に分けられるよ。

⑧ 4km 95 m＝ ⬜ m

② 次の□にあてはまることばを書きましょう。　📖教 上60〜61ページ❶　30点(1つ15)

① 道にそってはかった長さを ⬜ といいます。

② まっすぐにはかった長さを ⬜ といいます。

③ 次の問いに答えましょう。　📖教 上62ページ❷　20点(1つ5)

① 駅から学校までのきょりは何 m ですか。

（　　　　　）

② 駅から学校までの道のりは何 m ですか。
また、何 km 何 m ですか。

（　　　　　）（　　　　　）

③ 駅から学校までの道のりは、きょりより
何 m 長いですか。

（　　　　　）

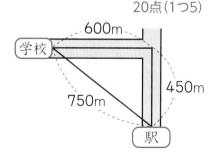

600m
学校
750m
450m
駅

教科書 📖 上60〜62ページ

サクッと
こたえ
あわせ

●ぼうグラフと表

⑥ 記ろくを整理して調べよう
1 整理のしかたとぼうグラフ ……(1)

答え 83ページ

[調べたことを表に整理すると、調べたことのとくちょうがわかりやすくなります。]

❶ 下の表は、すきなスポーツについて調べた表です。 📖教上67~68ページ❶

60点(1つ10)

野球	正 下	㋐ 8
サッカー	正 正	9
バレーボール	正 一	6
なわとび	下	㋑
水泳	㋒	5
スキー	正	4

「正」の字を使って
数を表します。

① 表のあいているところを書きましょう。

② すきな人がいちばん多いスポーツは何ですか。

（　　　　　）

③ すきな人がいちばん少ないスポーツは何ですか。

（　　　　　）

④ 調べた人数の合計は、何人ですか。

（　　　　　）

⚠️ミスに注意!

❷ ようこさんは、自分の組の人のすきなくだものについて調べました。

📖教上67~68ページ❶ 40点(①1つ5、②③10)

① 右の表のあいている
ところを書きましょう。

りんご	正 丅
みかん	正 丅
メロン	正 正
バナナ	下
すいか	正 一
ぶどう	下

りんご	㋐
みかん	㋑
メロン	㋒
すいか	㋓
その他	6
合 計	35

② 右の表の「その他」にはどんなくだものが入りますか。

（　　　　　）

③ すきな人がいちばん多いくだものは何ですか。

（　　　　　）

教科書 📖 上66~68ページ

時間 15分　合かく 80点　/100　　月　日

●ぼうグラフと表
⑥ **記ろくを整理して調べよう**
1　整理のしかたとぼうグラフ　　……(2)

サクッと
こたえ
あわせ
答え 83ページ

[ぼうグラフに表すと、何が多くて何が少ないかが、ひと目でわかります。]

❶ 右のぼうグラフは、10月1日の午前11時から11時30分までに通った自動車のしゅるいを表したものです。　📖教上68〜69ページ❷

50点(1つ10)

① ぼうグラフの1めもりは、何台を表していますか。　　（　1台　）

② タクシーは、何台通りましたか。
（　　　　　）

③ いちばん多く通った車のしゅるいは何ですか。　（　　　　　）

④ トラックは、バスの何倍通りましたか。
（　　　　　）

⑤ 全部で何台の自動車が通りましたか。
（　　　　　）

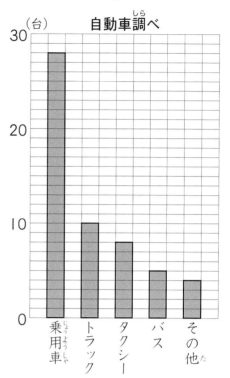

（台）　自動車調べ
30

20

10

0
乗用車　トラック　タクシー　バス　その他

❷ 下の表は、すきな動物について調べたものです。　📖教上70ページ❹

50点(①5、②15、③全部できて15、④15)

犬	ねこ	鳥	馬	その他
	6	5	3	3

① 表のあいているところを書きましょう。

② グラフの1めもりは何人ですか。
（　　　　　）

③ 表の数にあわせてぼうをかきましょう。

④ 調べた人数の合計は何人ですか。
（　　　　　）

（人）　すきな動物
10

5

0
犬　ねこ　鳥　馬　その他

きほんの
ドリル
20。

●ぼうグラフと表
⑥ 記ろくを整理して調べよう
１ 整理のしかたとぼうグラフ ……(3)

時間 15分 | 合かく 80点 | /100

月 日

サクッと
こたえ
あわせ

答え 83ページ

❶ 右のぼうグラフは、しゅんたさんの組の人たちが、いちばんきらいな野さいのしゅるいと人数を表したものです。 📖教上72ページ❺

50点(1つ10)

① ぼうグラフの１めもりは、何人を表していますか。 （　　　　　）

② にんじんがきらいな人は、何人ですか。 （　　　　　）

③ きらいな野さいでいちばん多いのは何ですか。 （　　　　　）

④ ピーマンはにんじんの何倍ですか。 （　　　　　）

⑤ 組の人数は全部で何人ですか。 （　　　　　）

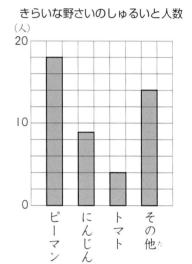

きらいな野さいのしゅるいと人数

❷ すきなおかしをアンケートで調べ、ぼうグラフに表しました。 📖教上72ページ③

50点(①20、②30)

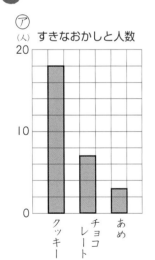

⑦ すきなおかしと人数

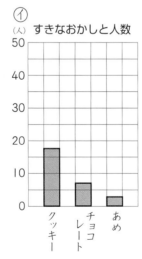

⑦ すきなおかしと人数

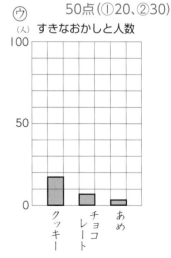

⑦ すきなおかしと人数

① すきなおかしと人数を表すグラフとして、いちばんよいのは⑦、⑦、⑦のどれですか。 （　　　　　）

② ①で、そのグラフをえらんだわけを書きましょう。
（　　　　　　　　　　　　　　　　　　　　　　　　　　　　）

教科書 📖 上72〜75ページ

●ぼうグラフと表

⑥ 記ろくを整理して調べよう

2 表のくふう

時間 15分　合かく 80点　/100

月　日

サクッと こたえ あわせ

答え 83ページ

---

1 下の表は、9月、10月、11月に図書室から本をかりた3年生の人数を、本のしゅるいごとにまとめたものです。　📖教 上76ページ❶　　100点(1つ10、④は1つ5)

かりた本調べ（9月）

しゅるい	人数(人)
物語	15
科学	10
図かん	4
その他	6
合計	35

かりた本調べ（10月）

しゅるい	人数(人)
物語	13
科学	14
図かん	6
その他	9
合計	42

かりた本調べ（11月）

しゅるい	人数(人)
物語	15
科学	14
図かん	3
その他	5
合計	37

① 本をかりた人がいちばん多い月は何月ですか。　　（ 10月 ）

② 9月でかりた人がいちばん多かった本のしゅるいは何ですか。　　（　　　　）

③ 10月と11月に本をかりた人はあわせて何人ですか。（　　　　）

④ 上の3つの表を見て、右の表のあいているところを書きましょう。

かりた本調べ（9月～11月）　　（人）

しゅるい ＼ 月	9月	10月	11月	合計
物語	15	13	15	あ43
科学	10	㋐	14	38
図かん	㋑	6	3	㋒
その他	6	9	5	㋓
合計	㋔	㋕	㋖	㋗

上の表と右の表をよくくらべよう！

⑤ 表のあの人数は何を表していますか。

（　　　　　　　　　　　　）

⑥ 3か月でいちばん多くかりられた本のしゅるいは何ですか。　　（　　　　）

⑦ 10月に物語をかりた人と、11月に科学をかりた人は、どちらが多いですか。　　（　　　　）

教科書 📖 上76ページ

きほんの
ドリル
22。

● 暗算
⑦ 数をよく見て暗算で計算しよう

時間 **15**分 ｜ 合かく **80**点 ｜ /100 ｜ 月　日

サクッと
こたえ
あわせ
答え **83**ページ

[100－49の暗算は、100から40をひいて、そのあとで9をひきます。]

1 100－49の暗算のしかたを考えます。□にあてはまる数を書きましょう。

　　　　　　　　　　　　　　　　　　　📖教 上80ページ**1**　20点(1つ5)

49は、40と ① [9] に分けられます。

100－40＝② [60]　これから ③ [9] をひいて、

答えは ④ [　]

> この他にも、
> いろいろ計算の
> しかたがあるよ。

[28＋34の暗算は、28にまず30をたして、そのあとで4をたします。]

2 28＋34の暗算のしかたを考えます。□にあてはまる数を書きましょう。

　　　　　　　　　　　　　　　　　　　📖教 上80ページ**1**　16点(1つ4)

34は、30と ① [4] に分けられます。

28＋30＝② [58]　これに ③ [4] をたして、答えは ④ [　]

3 暗算で計算しましょう。　📖教 上80ページ**1**、81ページ⚠　24点(1つ4)

① 35＋12　　　② 23＋41　　　③ 64＋24

④ 17＋52　　　⑤ 45＋26　　　⑥ 76＋17

4 62－45の暗算のしかたを考えます。□にあてはまる数を書きましょう。

　　　　　　　　　　　　　　　　　　　📖教 上81ページ**2**　16点(1つ4)

45は ① [40] と5に分けられます。

62－40＝② [22]　これから ③ [5] をひいて、答えは ④ [　]

5 暗算で計算しましょう。　📖教 上81ページ**2**、81ページ⚠　24点(1つ4)

① 27－16　　　② 49－33　　　③ 50－42

④ 82－34　　　⑤ 77－49　　　⑥ 21－18

22

教科書 📖 上80～81ページ

かけ算／時こくと時間のもとめ方／わり算

時間 **15**分 ｜ 合かく **80**点 ／**100**

月　　日

サクッと
こたえ
あわせ
答え **84** ページ

1 □にあてはまる数を書きましょう。　　　　　　　50点（1つ5）

① 6×4＝6×5−□

② 7×10＝7×9＋□

③ 9×8＝□×9

④ 4×□＝24

⑤ 5×□＝45

⑥ 7×□＝63

⑦ □×6＝54

⑧ □×8＝40

⑨ 8×7の答えは、8×2と8×□の答えをあわせた数です。

⑩ 13×6の答えは、□×6と3×6の答えをあわせた数です。

2 次の時こくや時間をもとめましょう。　　　　　　　30点（1つ10）

① 9時30分から50分後の時こく

（　　　　　　）

② 9時30分から40分前の時こく

（　　　　　　）

③ 7時45分から9時までの時間

（　　　　　　）

3 おはじきが56こあります。7人に同じ数ずつ分けると、1人分は何こになりますか。　　　　　　　20点（式10・答え10）

式

答え（　　　　　　）

たし算とひき算の筆算／長いものの長さのはかり方と表し方

⚠ミスに注意!

1 次の筆算をしましょう。　　　　　　　　　　　50点(1つ5)

① 　212
　　+457

② 　559
　　−274

③ 　683
　　+148

④ 　569
　　− 81

⑤ 　953
　　+ 47

⑥ 　702
　　−506

⑦ 　835
　　+682

⑧ 　500
　　−423

⑨ 　1998
　　+6473

⑩ 　6022
　　− 85

⚠ミスに注意!

2 ↓のめもりが表す長さを書きましょう。　　　　　20点(1つ10)

① ［　　　］　　② ［　　　］

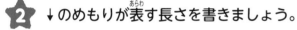
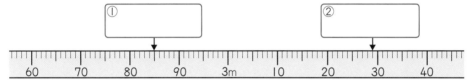

60　70　80　90　3m　10　20　30　40

3 次のものの長さをはかるには、どれを使えばべんりですか。⑥、⑰、⑦から1つずつえらびましょう。　　　　　30点(1つ10)

① かんジュースのかんのまわり（　　　　）

② えん筆の長さ（　　　　）

③ 教室のゆかのたての長さ（　　　　）

⑥ 　　⑰ 　　⑦

ぼうグラフと表／暗算

1 下のぼうグラフは、ゆいさんの学年の人たちが、いちばんすきな色と人数を表したものです。

40点（1つ8点）

① ぼうグラフの1めもりは、何人を表していますか。　（　　　　　）

② 赤がすきな人は、何人ですか。
　（　　　　　）

③ すきな色でいちばん人数が少ない色は何ですか。　（　　　　　）

④ 青は白より何人多いですか。
　（　　　　　）

⑤ ゆいさんの学年は全部で何人ですか。
　（　　　　　）

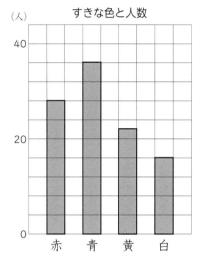

すきな色と人数

2 暗算で計算しましょう。

30点（1つ5）

① 13＋24　　② 67＋32　　③ 36＋39

④ 75＋16　　⑤ 23＋48　　⑥ 74＋16

3 暗算で計算しましょう。

30点（1つ5）

① 94－82　　② 43－21　　③ 31－18

④ 57－29　　⑤ 64－56　　⑥ 72－25

きほんの
ドリル
26.

時間 **15**分 ｜ 合かく **80**点 ／**100** ｜ 月 日

サクッと
こたえ
あわせ

●あまりのあるわり算
⑧ **わり算を考えよう**
１　あまりのあるわり算　　　　　……(１)　答え **84**ページ

[九九だけではすぐに答えを見つけられないわり算もあります。]

❶ わりきれる計算には〇を、わりきれない計算には×をつけましょう。

📖教上84ページ⚠　20点(1つ5)

① 9÷2　　×　　　　② 6÷3　　〇

③ 72÷9　　[　]　　　④ 60÷8　　[　]

❷ プリンが 15 こあります。１人に4こずつ分
けると、何人に分けられますか。

📖教 上83〜84ページ❶

60点(①10、②10、③20(1つ5)、④20)

① 式を書きましょう。　　　　　　（　　　　　　　　　）

② 何のだんの九九を使えば、答えがもとめられるでしょうか。

（　　　　　　　　　）

③ 答えの見つけ方を考えましょう。□に数を書きましょう。

15 このプリンを3人に分けると、4×3＝12で、[ア　]こあまる。4

人に分けると、4×4＝16で、[イ　]こたりない。

だから、15÷[ウ　]＝3　あまり[エ　]

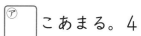
あまりはわる数
より小さいです。

④ 何人に分けられて、何こあまりますか。

答え（　　　　　　　　　　　）

❸ □にあてはまる数を書きましょう。　📖教 上85ページ❷　20点(1つ5)

20÷5＝4　　　　　　　　23÷5＝4　あまり[②　]

21÷5＝4　あまり１　　　24÷5＝4　あまり[③　]

22÷5＝4　あまり[①2]　　25÷5＝[④　]

教科書📖 上82〜85ページ

●あまりのあるわり算
⑧ **わり算を考えよう**
1 あまりのあるわり算 ……(2)

答え 85ページ

⚠️ミスに注意!

1 次の計算をしましょう。 📖教上85ページ⚠️   30点(1つ5)

　① 9÷2　　　② 7÷4　　　③ 10÷3

　④ 22÷6　　　⑤ 53÷8　　　⑥ 39÷6

[九九を使って、わり算の答えのたしかめをしましょう。]

2 □にあてはまる数を書きましょう。 📖教上87ページ④   15点(1つ5)

　　45÷6=7 あまり ①3

　　たしかめ　6×②7+③□=45

> わる数のだんの 九九でたしかめが できるよ。

3 次の計算の答えのたしかめをしましょう。 📖教上87ページ④   20点(1つ10)

　① 36÷5=7 あまり 1

　　　　　　（　　　　　　　　　　　）

　② 79÷9=8 あまり 7

　　　　　　（　　　　　　　　　　　）

4 次の計算の答えに、まちがいがあればなおしましょう。 📖教上87ページ⚠️
    20点(1つ10)

　① 62÷8=8 あまり 2

　　　　　　（　　　　　　　　　　　）

　② 29÷4=6 あまり 5

　　　　　　（　　　　　　　　　　　）

5 みかんが 41 こあります。7人で同じ数ずつ分けると、1人分は何こに
なって、何こあまりますか。 📖教上88ページ⚠️   15点(式10・答え5)
式

　　　　　　答え（　　　　　　　　　　　　　　　　　）

教科書 📖 上85〜88ページ

時間 15分	合かく 80点	/100

月　　日

サクッと
こたえ
あわせ

答え 85ページ

●あまりのあるわり算
⑧ **わり算を考えよう**
2　あまりを考える問題

[あまりをどうあつかうか、答えをだすときに考えてみましょう。]

❶ 本が 65 さつあります。1つの本箱に、本は8さつおさめることができます。全部の本をおさめるには、本箱は何箱いりますか。

📖教上89ページ❶　25点(式15・答え10)

式 65÷8

あまりは
どうするかな。

答え（　　　　　　　　　　）

❷ お客さん 30 人を、自動車でホテルに送ります。1台の自動車にはお客さんが4人乗ることができます。自動車を何台用意すればよいですか。

📖教上89ページ❶　25点(式15・答え10)

式

答え（　　　　　　　　　　）

❸ もけいのタイヤが 18 こあります。1台のもけいの車を作るのに、タイヤは4こひつようです。もけいの車は何台作ることができますか。

📖教上89ページ❷　25点(式15・答え10)

式

あまりは
どうするかな。

答え（　　　　　　　　　　）

❹ 長さ 50cm のテープがあります。このテープを切って、1本が8cmのリボンを作ります。リボンは何本できますか。　📖教上89ページ❷

25点(式15・答え10)

式

答え（　　　　　　　　　　）

教科書📖 上89ページ

●あまりのあるわり算
⑧ **わり算を考えよう**

サクッと
こたえ
あわせ

答え 85ページ

1 次の計算の答えに、まちがいがあればなおしましょう。　20点(1つ10)

①　35÷6＝6 あまり I

（　　　　　　　　　）

②　27÷5＝4 あまり 7

（　　　　　　　　　）

2 次の計算をして、答えのたしかめもしましょう。　60点(答え5・たしかめ5)

①　16÷5

②　34÷4

③　28÷6

④　53÷8

⑤　69÷9

⑥　48÷7

3 えん筆が 52 本あります。6人で同じ数ずつ分けると、I 人分は何本になって、何本あまりますか。　10点(式5・答え5)

式

答え（　　　　　　　　　）

⚠ミスに注意!
4 ジュースが 2L6dL あります。4dL 入るコップに全部うつしかえると、コップはいくついりますか。　10点(式5・答え5)

式

答え（　　　　　　　　　）

きほんの
ドリル
30。

●大きい数のしくみ
⑨　10000より大きい数を調べよう
1　数の表し方　……(1)

[一万を2こ集めた数を二万といい、20000と書きます。]

1 次の数を数字で書きましょう。　教上93〜94ページ**1**、94ページ⚠　60点(1つ4)

①　三万千五百八十二

一万	千	百	十	一
3	1	5	8	2

②　八万千八百五

一万	千	百	十	一

二万五千九百三十八は
25938と書いたよ。

③　六万二千九

一万	千	百	十	一

2 □にあてはまる数を書きましょう。　教上94ページ　20点(1つ5)

40923は、一万を①□こ、百を②□こ、十を③□こ、一を④□こあわせた数です。

3 次の数を数字で書きましょう。　教上94ページ　20点(1つ10)

①　一万千八百九十六　（　　　　　　　）

②　一万を2こ、十を1こ、一を8こあわせた数
　（　　　　　　　）

●大きい数のしくみ
⑨ **10000より大きい数を調べよう**
1　数の表し方

……(2)

◆**大きな数の読み方**

32619700 を漢字で書くと、

三千二百六十一万九千七百 です。

千	百	十	一	千	百	十	一
			万				
3	2	6	1	9	7	0	0

---

❶ □にあてはまる数を書きましょう。　📖教上96ページ④　　30点(1つ5)

13607904 は、千万を ①1 こ、百万を ②3 こ、十万を ③6 こ、千を

④□ こ、百を ⑤□ こ、一を ⑥□ こあわせた数です。

---

❷ 次の数を漢字で書きましょう。　📖教上96ページ②　　20点(1つ10)

① 38047102 （　　　　　　　　　　　　　　　）

② 1296058 （　　　　　　　　　　　　　　　）

---

❸ 次の数を数字で書きましょう。　📖教上96ページ③、④　　20点(1つ10)

① 二百九十一万三千六十七 （　　　　　　　　　　　　　）

② 千万を9こと、十万を4こあわせた数 （　　　　　　　　　　　）

---

❹ □にあてはまる数を書きましょう。　📖教上97ページ❸　　30点(1つ10)

① 18000 は 1000 を何こ集めた数ですか。

18000 〈 10000 ⟶ 1000 が 10 こ / 8000 ⟶ 1000 が 8 こ 〉 1000 が □ こ

② 1000 を 42 こ集めた数は、□ です。

③ 560000 は 1000 を □ こ集めた数です。

千	百	十	一	千	百	十	一
			万				
	5	6	0	0	0	0	

教科書 📖 上95〜97ページ

きほんの
ドリル
32。

時間 15分 | 合かく 80点 | /100 | 月 日

サクッと
こたえ
あわせ

●大きい数のしくみ
⑨　10000 より大きい数を調べよう
1　数の表し方　　　　　　　　……(3)
答え 86ページ

[数直線のめもりをよむときは、1めもりがいくつなのかを考えます。]

❶ 次の数直線について考えましょう。　📖教 上98ページ❹　　60点(1つ10)

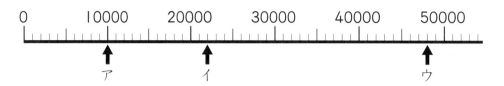

①　いちばん小さい1めもりは、いくつですか。　　　（　1000　）

②　ア、イ、ウのめもりが表す数はいくつですか。

ア…（　　　　　　）

イ…（　　　　　　）

ウ…（　　　　　　）

③　19000、33000 を表すめもりに、↑をかきましょう。

⚠️ミスに注意!

❷ □にあてはまる数を書きましょう。　📖教 上99ページ🅐　　40点(1つ5)

①　360000　　㋐　　380000　　390000　　㋑

②　650万　　700万　　㋐　　800万　　㋑

③　6000万　　㋐　　8000万　　9000万　　㋑

④　9800万　　㋐　　9900万　　㋑　　1億

32

教科書 📖 上98〜99ページ

時間 15分　合かく 80点　/100　月　日

●大きい数のしくみ
⑨　10000 より大きい数を調べよう
1　数の表し方　　　　……(4)

答え 86ページ

サクッと
こたえ
あわせ

◆等号・不等号
　数や式の大小は、＝、＞、＜のような記号を使って表します。
＝の記号は等号といい、左がわと右がわの大きさが同じことを表しています。また、＞、＜の記号を不等号といい、ひらいた方が大きいことを表しています。

大＞小
または
小＜大
と書くんだね。

❶ 次の□に、＝、＞、＜のあてはまるものを書きましょう。　📖教上100ページ5、⚠

70点(1つ10)

①　10000 $<$ 20000　　　②　54321 □ 56789

③　3000＋7000 □ 10000　　④　200 □ 200－10

⑤　100－23 □ 100－25　　⑥　2000＋10 □ 20000－100

⑦　1000－100 □ 100＋100

❷　180000 はどんな数ですか。□にあてはまる数を書きましょう。

📖教上101ページ6、⚠　30点(1つ10)

①　100000 と □ をあわせた数

②　200000 より □ 小さい数

③　10000 を □ こ集めた数

教科書 📖 上100〜101ページ

●大きい数のしくみ
⑨ **10000 より大きい数を調べよう**
2　10 倍した数と 10 でわった数

時間 **15**分　合かく **80**点　／**100**

サクッとこたえあわせ
答え **86** ページ

月　日

[数を 10 倍するときは、位を 1 つ上げ、もとの数の右に0を 1 つつけます。]

❶ 次の □ にあてはまる数を書きましょう。　📖教上102ページ❶、103ページ❷

30点(1つ10)

34 を 10 倍した数は、34 の右に ① 0 を 1 つつけた数で、② 340 になります。34 を 100 倍した数は、34 の 10 倍の数を、さらに 10 倍した数で、③ □ になります。

このことから、数を 100 倍するときは、もとの数の右に0を 2 つつければよいことがわかります。

❷ 次の計算をしましょう。　📖教上102ページ

15点(1つ5)

①　30×10　　②　56×10　　③　78×10

❸ 次の数を 10 倍、100 倍した数を書きましょう。　📖教上103ページ❷　20点(1つ5)

①　20　　　10 倍(　　　　　　)　　100 倍(　　　　　　)

②　407　　10 倍(　　　　　　)　　100 倍(　　　　　　)

❹ 次の数を 10 でわった数を書きましょう。　📖教上102ページ❶、上103ページ⚠

20点(1つ10)

①　60　　　　　(　　　　　　)

②　820　　　　(　　　　　　)

❺ 次の計算をしましょう。　📖教上102ページ

15点(1つ5)

①　720÷10　　②　350÷10　　③　400÷10

教科書 📖 上102〜103ページ

●かけ算の筆算（１）

⑩ **大きい数のかけ算のしかたを考えよう**

１　何十、何百のかけ算

サクッと
こたえ
あわせ

答え 86 ページ

［20×4 は、10 が（2×4）こと考えることができます。］

1 次の□にあてはまる数を書きましょう。　📖教 上107〜108ページ**1**、108ページ**2**

50点（全部できて1つ10）

① 30×2 …10が（ 3 × 2 ）こで 60

② 40×3 …10が（ □ × □ ）こで □

③ 60×7 …10が（ □ × □ ）こで □

④ 200×6 …100が（ □ × □ ）こで □

⑤ 700×5 …100が（ □ × □ ）こで □

> 10や100をもとにすると
> 九九を使って計算できるよ！

⚠️ミスに注意！

2 次の計算をしましょう。　📖教 上107〜108ページ**1**、109ページ⚠　50点（1つ5）

① 40×9　　② 60×2　　③ 90×8

④ 30×8　　⑤ 70×7　　⑥ 20×5

⑦ 500×3　　⑧ 800×4　　⑨ 400×6

⑩ 900×5

> さいごにつける
> 0の数に気をつけよう！

教科書 📖 上106〜109ページ

きほんの
ドリル
36

時間 15分　合かく 80点　／100

[12×3は、10×3と2×3をあわせた計算と考えられます。]

❶ 次の□にあてはまる数を書きましょう。 📖教上109〜111ページ❶、111ページ⚠

30点(1つ5)

① 12×3の計算のしかたを考えます。

$12×3\begin{cases}10×3=\boxed{30}^{ア}\\2×3=\boxed{6}^{イ}\end{cases}$

あわせて $\boxed{}^{ウ}$

それぞれの位で
かけ算をしましょう。

② 12×3の筆算のしかた

位をたてに
そろえて書く。

3×2の答えを
一の位に書く。

3×1の答えを
十の位に書く。

❷ 次の筆算をしましょう。 📖教上111ページ⚠

70点(1つ10)

①　24
　×　2

②　31
　×　3

③　14
　×　2

④　20
　×　4

⑤　13
　×　2

⑥　22
　×　4

⑦　30
　×　2

教科書 📖 上109〜111ページ

● かけ算の筆算（1）

⑩ **大きい数のかけ算のしかたを考えよう**

2　2けたの数に1けたの数をかける計算……（2）

答え **86**ページ

サクッと
こたえ
あわせ

［かけ算の筆算も、位をたてにそろえて書き、一の位からじゅんに計算します。］

1 次の□にあてはまる数を書きましょう。　📖教 上112ページ**2**　30点（1つ5）

①

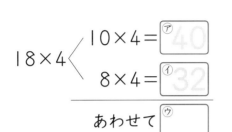

$10 \times 4 = $ ㋐ 40

18×4

$8 \times 4 = $ ㋑ 32

あわせて ㋒

②

```
    1  8
 ×     4
  ㋒  ㋑  ㋐
```

2 次の□にあてはまる数を書きましょう。　📖教 上113ページ**3**　30点（1つ5）

①

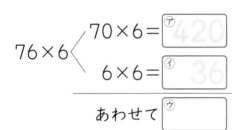

$70 \times 6 = $ ㋐ 420

76×6

$6 \times 6 = $ ㋑ 36

あわせて ㋒

②

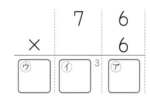

```
    7  6
 ×     6
  ㋒  ㋑³ ㋐
```

3 次の筆算をしましょう。　📖教 上112ページ④、113ページ⑤、114ページ⚠　40点（1つ5）

①
```
   17
 ×  3
```

②
```
   25
 ×  2
```

③
```
   36
 ×  2
```

④
```
   54
 ×  3
```

⑤
```
   94
 ×  5
```

⑥
```
   65
 ×  8
```

⑦
```
   47
 ×  7
```

⑧
```
   66
 ×  8
```

●かけ算の筆算（1）
⑩ 大きい数のかけ算のしかたを考えよう
3　3けたの数に1けたの数をかける計算……(1)

時間 15分 ｜ 合かく 80点 ｜ /100

月　日

サクッと こたえ あわせ
答え 87ページ

❶ 次の□にあてはまる数を書きましょう。　📖教上115〜116ページ❶、117ページ❷

40点(1つ5)

213×3の計算のしかたを考えます。

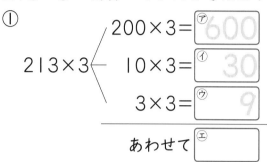

① 213×3
$200×3=$ ㋐ 600
$10×3=$ ㋑ 30
$3×3=$ ㋒ 9
あわせて ㋓

② 186×3
$100×3=$ ㋐
$80×3=$ ㋑
$6×3=$ ㋒
あわせて ㋓

❷ 次の筆算をしましょう。　📖教上116ページ⚠、117ページ⚠

50点(1つ10)

①　　230
　×　　3

②　　342
　×　　2

③　　302
　×　　3

④　　289
　×　　3

⑤　　125
　×　　5

❸ チューリップを、2本買います。1本152円です。
　代金はいくらですか。　📖教上117ページ⚠

10点(式5・答え5)

式

答え（　　　　　　　　）

教科書 📖 上115〜117ページ

●かけ算の筆算（1）
⑩ **大きい数のかけ算のしかたを考えよう**
3　3けたの数に1けたの数をかける計算……(2)

❶ 次の□にあてはまる数を書きましょう。　📖教上117ページ❷　20点(1つ5)

376×4 の計算のしかたを考えます。

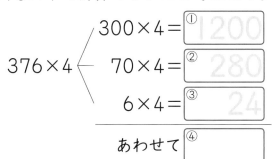

$$300×4=①\ 1200$$
$$376×4 \Big\langle \quad 70×4=②\ 280$$
$$6×4=③\ 24$$

あわせて ④ □

千の位に
くり上がっています。

⚠️ミスに注意!
❷ 次の筆算をしましょう。　📖教上117ページ❷、④　20点(1つ5)

① 　789
　×　　3

② 　561
　×　　4

③ 　225
　×　　8

④ 　968
　×　　8

⚠️ミスに注意!
❸ くふうして計算しましょう。　📖教上118ページ❸、⑥　60点(1つ10)

① 80×3×2

② 71×5×2

③ 60×4×2

④ 125×5×2

⑤ 913×2×5

⑥ 700×3×2

かけるじゅんばんを
入れかえても答えは
同じだよ。

まとめの
ドリル
40

● かけ算の筆算（1）
⑩ 大きい数のかけ算のしかたを考えよう

時間 **15**分 ｜ 合かく **80**点 ｜ ／**100**
月　日

サクッと
こたえ
あわせ
答え **87** ページ

1 次の計算をしましょう。　　　　　　　　　　　　　　　15点(1つ5)
　① 70×3　　　　② 300×3　　　　③ 400×8

2 次の筆算をしましょう。　　　　　　　　　　　　　　　30点(1つ5)

① 　 13
　 × 3

② 　 324
　 × 　2

③ 　 139
　 × 　2

④ 　 695
　 × 　8

⑤ 　 102
　 × 　3

⑥ 　 24
　 × 4

3 くふうして計算しましょう。　　　　　　　　　　　　30点(1つ15)
　① 805×5×2　　　　　② 225×2×4

✓よく読んで！

4 1さつ525円の本を、5さつ買いました。代金はいくらですか。
　　　　　　　　　　　　　　　　　　　　　　15点(式10・答え5)
　式

　　　　　　　　　　　　　　答え（　　　　　　　　　）

5 426 mL 入りのジュースを、4本買いました。全部で何 mL ですか。
　　　　　　　　　　　　　　　　　　　　　　10点(式5・答え5)
　式

　　　　　　　　　　　　　　答え（　　　　　　　　　）

教科書 上106〜119ページ

●大きい数のわり算、分数とわり算

時間 15分　合かく 80点　/100

月　　日

サクッと
こたえ
あわせ

答え 87ページ

⑪ わり算や分数を考えよう
I　大きい数のわり算

[60 は 10 のまとまりが 6 こと考えましょう。]

❶ 次の□にあてはまる数を書きましょう。　教上122ページ❶　15点(1つ5)

60÷2 の計算を考えます。60 は 10 が ①6 こ、6÷2＝②3 だから、60÷2＝③□ となります。

❷ 次の計算をしましょう。　教上122ページ⚠　25点(1つ5)

① 80÷2　　　② 40÷2　　　③ 50÷5

④ 30÷3　　　⑤ 90÷9

❸ 60 このおはじきを、6 人で同じ数ずつ分けます。
1 人分は何こになりますか。　教上122ページ❶　20点(式15・答え5)

式

答え（　　　　　　　）

❹ 48÷4 を 10 のまとまりとばらに分けて計算します。
次の□にあてはまる数を書きましょう。　教上123ページ❷　25点(1つ5)

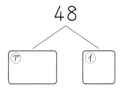

48
⑦□　　④□

40÷4＝⑰□

8÷4＝㋓□

あわせて ㋔□

❺ 次の計算をしましょう。　教上123ページ⚠　15点(1つ5)

① 66÷3　　　② 42÷2　　　③ 99÷9

教科書 上122〜123ページ

●大きい数のわり算、分数とわり算

⑪ **わり算や分数を考えよう**

2 分数とわり算

時間 **15**分 ┃ 合かく **80点** ┃ /100

月　日

サクッとこたえあわせ

答え **87**ページ

[「等分する」ということは、等しい大きさに分けることです。]

❶ 青色のテープの長さは 40 cm です。

40 cm の $\frac{1}{4}$ の長さは何 cm ですか。　📖教上124ページ❶　25点(式15・答え10)

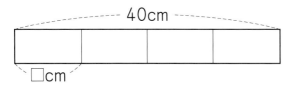

式

答え（　　　　　　）

❷ もとの長さの $\frac{1}{3}$ の長さを、それぞれもとめましょう。　📖教上125ページ❷

50点(式15・答え10)

① 黄色のテープは 90 cm です。90 cm の $\frac{1}{3}$ の長さは何 cm ですか。

式

答え（　　　　　　）

② 赤色のテープは 69 cm です。69 cm の $\frac{1}{3}$ の長さは何 cm ですか。

式

答え（　　　　　　）

❸ もとの長さの $\frac{1}{4}$ が 20 cm でした。もとの長さは何 cm ですか。

📖教上125ページ⚠　25点(式15・答え10)

式

答え（　　　　　　）

教科書📖 上124〜125ページ

⑫　まるい形を調べよう
1　円

[1つの点から同じ長さのところに、・をたくさんかいてできるまるい形を円といいます。]

1 右の図を見て答えましょう。　教 下3〜6ページ　　40点(1つ10)

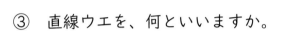

① 円の真ん中の点アを、何といいますか。

（ 中心 ）

② 直線アイを、何といいますか。

（　　　　　）

③ 直線ウエを、何といいますか。

（　　　　　）

④ 直線ウエの長さは、直線アイの長さの何倍ですか。

（　　　　　）

⚠ミスに注意!

2 右の図を見て答えましょう。　教 下5〜6ページ**3**、6ページ⚠　　60点(1つ20)

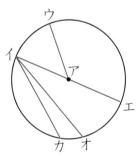

① 直線アウの長さが6cmのとき、直線イエの長さは何cmですか。

（　　　　　）

② 直線イエの長さが8cmのとき、直線アウの長さは何cmですか。

（　　　　　）

③ いちばん長い直線はどれですか。

（　　　　　）

中心を通る直線が
直径になるよ。

●円と球
⑫ まるい形を調べよう
1 円
　　　　　　　　　　　　　　　　　　……(2)

[円をかいたり、地図上の長さをはかりとるときにはコンパスを使います。]

❶ 次の円をかきましょう。　📖教 下7ページ❹　　20点(1つ10)
① 半径が1cmの円
② 直径が4cmの円

ア ────────

❷ 右の⑦、①、⑦の直線の
長さをくらべます。

📖教 下8ページ⑥　20点(1つ10)

① いちばん短いのはどれですか。
　　　　　　　　　　　　(　　　)

② いちばん長いのはどれですか。
　　　　　　　　　　　　(　　　)

① 　ウ

❸ コンパスを使って、下の直線を4cmずつに区切りましょう。
📖教 下8ページ⑦　10点

──────────────────────

❹ じろうさんの家からもっとも近い道のりをくらべます。　📖教 下8ページ❺
① コンパスで、家からのそれぞれの長さ
を直線の上にうつしとりましょう。　　　50点(1つ10)

交番 ──────────────────
病院 ──────────────────
図書館 ──────────────────
書店 ──────────────────

ウ　　　　　ア　　　　交番
病院
家
オ
エ　　　　イ　図書館　書店
カ

② 家からもっとも近いのはどこですか。
　　　　　　　　　　　　(　　　　　　)

教科書 📖 下7〜8ページ

時間 **15**分 　合かく **80**点 　/100 　　　月　　日

サクッと
こたえ
あわせ

答え **88**ページ

●円と球
⑫ **まるい形を調べよう**
2　球

[球を切った切り口は、どこで切っても円です。]

1 右の図は、球を半分に切ったものです。

📖教下9〜10ページ❶　60点(1つ10)

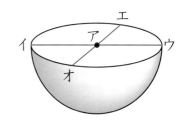

① 切り口はどんな形ですか。

（　円　）

② 点アは切り口の真ん中の点です。点アを何といいますか。

（　　　　　）

③ 直線イウ、直線アイをそれぞれ何といいますか。

直線イウ（　　　　　）　　直線アイ（　　　　　）

④ 直線イウと直線エオではどちらが長いですか。（　　　　　）

⑤ 直線イウの長さは直線アイの長さの何倍ですか。（　　　　　）

2 球を、ア、イ、ウの面で切りました。ウの切り口が
球の中心を通りました。　📖教下9〜10ページ❶

20点(1つ10)

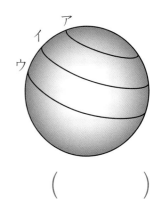

① 切り口はどんな形ですか。

（　　　　　）

② 切り口がいちばん大きくなるのはア、イ、ウ
のどの切り口ですか。

（　　　　　）

よく読んで!

3 半径1cmの鉄の球が10こあります。これを図のようにたてに2こず
つすきまなくならべて箱にしまいます。箱のたて、横、高さは何cmずつ
になりますか。　📖教下10ページ⚠

20点(全部できて)

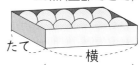

たて（　　　　）、横（　　　　）、高さ（　　　　）

時間 **15**分 ┃ 合かく **80**点 ┃ /100 ┃ 月　日

●小数
⑬ **数の表し方やしくみを調べよう**
１　|　|より小さい数の表し方　　　……(1)

答え **88**ページ

[１を１０等分した１こ分の大きさが０.１です。]

❶ 次の☐にあてはまることばや数を書きましょう。 📖教下15〜16ページ　30点(1つ5)

① １を１０等分した１こ分の大きさを $\boxed{0.1}$ と書きます。

② ０.３は ☐ の３こ分の大きさです。

③ １Ｌと０.７Ｌをあわせたかさを ☐ Ｌと書きます。

④ １.２や０.３のような数を ☐ といい、「．」を ☐ といいます。

⑤ ０、１、２、３、…のような数を ☐ といいます。

❷ 水のかさはそれぞれ何Ｌですか。 📖教下17ページ⚠　15点(1つ5)

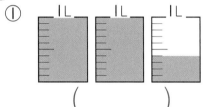　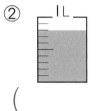　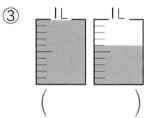

①（　　　　　）　②（　　　　　）　③（　　　　　）

❸ 水のかさだけ色をぬりましょう。 📖教下17ページ②　15点(1つ5)

① ０.４Ｌ　② ２.７Ｌ　③ ３.２Ｌ

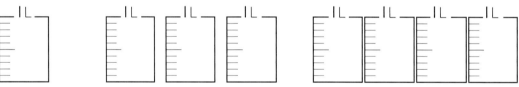

❹ 次の問いに答えましょう。 📖教下17ページ③　20点(1つ10)

① ０.１Ｌを８こ集めたかさは何Ｌですか。　（　　　　　）

② ０.１Ｌを１５こ集めたかさは何Ｌですか。　（　　　　　）

❺ 次の数を、整数と小数に分けましょう。 📖教下17ページ⑤　20点(1つ10)
０.５、２.７、０、４、１２.３、８、２５

整数（　　　　　　　　　　　　） 小数（　　　　　　　　　　　）

教科書 📖 下14〜17ページ

きほんの
ドリル
47。
●小数
⑬ **数の表し方やしくみを調べよう**
１ １より小さい数の表し方 ……(2)

時間 15分　合かく 80点　/100　月　日
サクッとこたえあわせ
答え 88ページ

[１mm は 0.1 cm になります。]

❶ 次の□にあてはまる数を書きましょう。　📖教下18ページ❷　10点(1つ5)

１cm を 10 等分した１こ分の長さは ①[　] mm なので、１mm は

②[　] cm になります。

❷ 左はしから、㋐、㋑、㋒、㋓までの長さは、それぞれ何 cm ですか。
　📖教下18ページ◎　40点(1つ10)

㋐(　　　　) ㋑(　　　　) ㋒(　　　　) ㋓(　　　　)

⚠ミスに注意！
❸ 次の□にあてはまる数を書きましょう。　📖教下18ページ⚠　30点(1つ10)

① 0.1 cm の 24 こ分は [　] cm

② 1.5 cm は 0.1 cm の [　] こ分

③ 257 mm = [　] cm…算数の教科書のたての長さ

❹ 下の数直線で、㋐、㋑、㋒、㋓のめもりが表す数を書きましょう。
　📖教下19ページ❸　20点(1つ5)

```
0        1        2        3        4
```
0.1
(れい)
㋐　　　㋑　　　㋒　㋓

㋐(　　　　) ㋑(　　　　) ㋒(　　　　) ㋓(　　　　)

●小数
⑬ **数の表し方やしくみを調べよう**
2 小数のしくみ

時間 15分 合かく 80点 /100

答え 89ページ

[小数を数直線に表すとよくわかります。]

❶ 次の □ にあてはまる数やことばを書きましょう。 📖教下20ページ❶ 40点(1つ10)

① 小数で、小数点のすぐ右の位を [   ] といいます。

② 15.8 の小数第一位の数字は [8] です。

③ 3.7 は、3と、0.1 を [   ] こあわせた数です。

④ 4.2 は、0.1 を [   ] こ集めた数です。

❷ 下の数直線に、⑦、⑦、⑦、㊤の数を表し、また大きいじゅんにいいましょう。 📖教下21ページ⚠ 40点(1つ5)

⑦ 0.3　　　⑦ 3.7　　　⑦ 2.5　　　㊤ 1.1

```
0        1        2        3        4
|--------|--------|--------|--------|
```

大きいじゅん （   ） （   ） （   ） （   ）

❸ □ にあてはまる不等号を書きましょう。 📖教下21ページ④ 20点(1つ5)

① 0.2 [ ] 0.8

② 3.4 [ ] 4.3

③ 1 [ ] 0.6

④ 0.2 [ ] 0

教科書 📖 下20〜21ページ

きほんの
ドリル
49

●小数
⑬ **数の表し方やしくみを調べよう**
3 小数のしくみとたし算、ひき算 ……（1）

時間 15分　合かく 80点 ／100

月　日

サクッと
こたえ
あわせ

答え 89ページ

[0.5＋0.2 は、0.1 をもとにして考えると 5＋2 になります。]

1 次の □ にあてはまる数を書きましょう。　教 下22〜23ページ　60点(1つ5)

① 0.6＋0.2 は、0.1 をもとにして考えると、6＋2＝ 8

0.1 が 8 こあるから、0.6＋0.2＝ となります。

② 0.8＋0.6 は、0.1 をもとにして考えると、8＋6＝

0.1 が こあるから、0.8＋0.6＝ となります。

③ 0.9－0.5 は、0.1 をもとにして考えると、9－5＝

0.1 が こあるから、0.9－0.5＝ となります。

④ 1.3－0.8 は、0.1 をもとにして考えると、13－8＝

0.1 が こあるから、1.3－0.8＝ となります。

2 次の計算をしましょう。　教 下22ページ②、23ページ④　40点(1つ5)

① 0.3＋0.2　　　　　② 1＋0.7

③ 0.8＋0.3　　　　　④ 0.5＋0.9

⑤ 0.7－0.4　　　　　⑥ 1.9－1

⑦ 1－0.6　　　　　　⑧ 1.5－0.8

●小数

⑬ **数の表し方やしくみを調べよう**

3　小数のしくみとたし算、ひき算　……(2)

　時間 **15分**　合かく **80点**　/100

　月　日

　サクッとこたえあわせ

答え **89**ページ

[小数のたし算の筆算は、位をそろえて計算します。]

❶ 次の筆算をしましょう。　📖教下24ページ❸、⚠　　30点(1つ5)

①　　5.2
　　+3.5

②　　2.6
　　+3.7

③　　4.7
　　+2.9

④　　3.8
　　+2.2

⑤　　4
　　+1.5

⑥　　3.6
　　+6

❷ 次の小数のたし算の筆算のしかたは、まちがっています。
　正しい答えを書きましょう。　📖教下24ページ　　20点(1つ10)

①　2.3+5.8

　　2.3
　+5.8
　　8 1　(　　　)

②　17+3.7

　　1 7
　+3.7
　　5.4　(　　　)

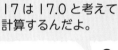
17 は 17.0 と考えて計算するんだよ。

[小数のひき算の筆算は、位をそろえて計算します。]

⚠ミスに注意!

❸ 次の筆算をしましょう。　📖教下24ページ❸、⚠　　30点(1つ5)

①　　4.9
　　−1.5

②　　6.5
　　−2.7

③　　4.2
　　−3.5

④　　7.4
　　−4.4

⑤　　8
　　−1.3

⑥　　7.6
　　−5

❹ 次の小数のひき算の筆算のしかたは、まちがっています。
　正しい答えを書きましょう。　📖教下24ページ　　20点(1つ10)

①　5.6−3.2

　　5.6
　−3.2
　　2 4　(　　　)

②　26−1.4

　　2 6
　−1.4
　　1.2　(　　　)

26 は 26.0 と考えて計算するんだよ。

●小数

⑬ **数の表し方やしくみを調べよう**
4　小数のいろいろな見方

時間 15分　合かく 80点　／100

月　日

サクッと
こたえ
あわせ

答え **89**ページ

[小数のときも整数と同じように数直線で考えます。]

1　1.7はどのような数ですか。下の数直線を見て□にあてはまる数を書きましょう。

教下25〜27ページ**1**　60点(1つ10)

①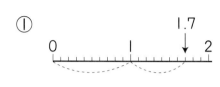

1.7は1と⑦ 0.7 をあわせた数です。

1.7＝1＋⑦□

②

1.7は2より⑦□小さい数です。

1.7＝2−⑦□

③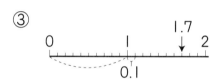

1.7は1と、0.1を□こあわせた数です。

④

1.7は0.1を□こ集めた数です。

2　4.8はどのような数ですか。□にあてはまる数を書きましょう。

教下27ページ⚠　40点(1つ10)

①　4.8は4と□をあわせた数です。

②　4.8は5より□小さい数です。

③　4.8は4と、0.1を□こあわせた数です。

④　4.8は0.1を□こ集めた数です。

●小数
⑬ 数の表し方やしくみを調べよう

サクッと
こたえ
あわせ
答え 89ページ

1 下の数直線を見て答えましょう。　　　25点(1つ5)

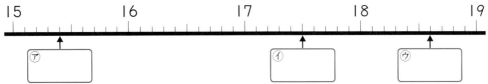

15　　　　16　　　　17　　　　18　　　　19

① ⑦、⑦、⑦のめもりが表す数を書きましょう。

② 次の数を表すめもりに、↑をかきましょう。
　　あ 16.2　　　　　　　　　い 17より0.2小さい数

2 次の数はいくつですか。　　　15点(1つ5)
① 7と0.3をあわせた数　　　　　　　　　（　　　　　）
② 1を9こ、0.1を6こあわせた数　　　　（　　　　　）
③ 0.1を28こ集めた数　　　　　　　　　（　　　　　）

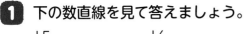
⚠️ミスに注意!
3 次の筆算をしましょう。　　　60点(1つ10)

① 　1.8
　＋3.6

② 　4.9
　＋2.1

③ 　　6
　＋1.5

④ 　7.1
　－2.3

⑤ 　3.6
　－2.6

⑥ 　　9
　－8.1

教科書 📖 下14〜28ページ

きほんの ドリル 53。

●重さのたんいとはかり方

⑭ 重さをはかって表そう
1　重さのくらべ方

◆グラム

グラムは重さのたんいです。gと書きます。
1円玉1この重さは1gです。

| 1g |

❶ 次の□にあてはまる数を書きましょう。　📖教下33ページ❸　　20点(1つ10)

①　1円玉 10 こで 10 g です。

②　30 g は1円玉 □ こ分の重さです。

❷ えん筆、けしゴム、はさみ、じょうぎの重さを1円玉を使って調べました。

📖教下31〜33ページ　80点(1つ10)

はかるもの	1円玉
えん筆	8こ分
けしゴム	15こ分
はさみ	25こ分
じょうぎ	17こ分

①　えん筆1本の重さは何 g ですか。
（　　　　　）

②　はさみ1この重さは何 g ですか。
（　　　　　）

③　じょうぎ2この重さは何 g ですか。
（　　　　　）

④　けしゴム2こは、1円玉何こ分の重さですか。
（　　　　　）

⑤　いちばん重いものはどれですか。
（　　　　　）

⑥　はさみは、じょうぎより何 g 重いですか。
（　　　　　）

⑦　けしゴムは、はさみより何 g 軽いですか。
（　　　　　）

⑧　えん筆3本とはさみではどちらが重いですか。
（　　　　　）

教科書 📖 下30〜33ページ

時間 **15**分 ｜ 合かく **80**点 ｜ /**100**

●重さのたんいとはかり方
⑭ **重さをはかって表そう**
2 はかりの使い方 ……(1)

サクッと こたえ あわせ

答え **90**ページ

[はかりのめもりをよむときには、1めもりが表す重さを考えます。]

❶ 右のはかりを見て答えましょう。 📖教下34〜35ページ❶ 　50点(1つ10)

① 何 g まではかれますか。

(1000 g)

② 小さい1めもりは何 g を表していますか。

(　　　　)

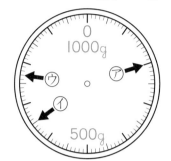

③ ⑦、⑦、⑦のめもりをよみましょう。

⑦(　　　) 　⑦(　　　　)

⑦(　　　)

1めもりが何 g か
しっかりみよう！

❷ 次の重さは何 g ですか。 📖教下37ページ⚠ 　10点(1つ5)

① 2kg (　　　　) 　② 3kg 200 g (　　　　)

❸ 右のはかりのはりがさしている重さを g、kg を使って
かきましょう。 📖教下37ページ⚠ 　20点(1つ5)

① (　　　) 　② (　　　)

③ (　　　) 　④ (　　　)

❹ 次の重さを表すめもりに↑をかきましょう。 📖教下35ページ④、37ページ②

20点(1つ10)

① 420 g 　　　　　② 1kg 500 g

教科書 📖 下34〜37ページ

きほんの
ドリル
55。

時間 15分　合かく 80点　/100　　月　日

サクッと
こたえ
あわせ

●重さのたんいとはかり方
⑭　**重さをはかって表そう**
2　はかりの使い方　　　……(2)　答え **90** ページ

[重さのたんいに気をつけて、計算します。]

1 重さ 200 g の箱に、にんじんを 900 g 入れました。　📖教下38ページ❸　　30点

① 重さは、あわせて何 g になるでしょうか。　　　20点(式10・答え10)

　　箱の重さ　にんじんの重さ　全部の重さ
式　[200]＋[900]＝[　　]

答え （　　　　　　）

② これは、何 kg 何 g といえるでしょうか。　　　10点

1000 g＝1 kg
です。

（　　　　　　）

2 ひろしさんの体重は 33 kg です。弟といっしょに重さをはかったら、60 kg でした。弟の体重は何 kg ですか。　📖教下38ページ⑤

30点(式15・答え15)

式

答え （　　　　　　）

[重さのたんいには g や kg のほかに、トン(t)があります。1 t＝1000 kg です。]

3 次の□にあてはまる数を書きましょう。　📖教下39ページ❹　　20点(1つ5)

① 2 t＝[　　] kg　　　② [　　] t＝5000 kg

③ 7 t＝[　　] kg　　　④ [　　] t＝4000 kg

4 次の長さや重さ、かさのたんいについて□にあてはまる数を書きましょう。

📖教下40ページ❺　20点(1つ5)

① 1 m の [　　] こ分の長さは 1 km です。

② 1 g の [　　] こ分の重さは 1 kg です。

③ 1 mL の [　　] 倍は 1 L です。

④ 1 cm の [　　] 倍は 1 m です。

あまりのあるわり算／
大きい数のしくみ／かけ算の筆算（1）

時間 **15**分　合かく **80**点　／**100**

答え **90** ページ

サクッと
こたえ
あわせ

⭐**1** 次の計算をして、答えのたしかめもしましょう。

30点（答え・たしかめの両方できて1つ10）

① 19÷2　　② 44÷6　　③ 53÷7

⭐**2** ボールが 35 こあります。6こずつ箱に入れてし
まうとすると、全部のボールを入れるには、箱は何
箱いりますか。　　10点（式5・答え5）

式

答え（　　　　　　　）

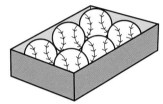

⭐**3** 数字で書きましょう。

20点（1つ5）

① 百万を6こ、十万を7こ、一万を4こあわせた数　（　　　　　）

② 十万を5こ、千を3こあわせた数　（　　　　　）

③ 千を 256 こ集めた数　（　　　　　）

④ 十万より 1 小さい数　（　　　　　）

⭐**4** 次の計算をしましょう。

30点（1つ5）

```
①    21        ②   103       ③    16
   ×  3          ×   3          ×   4
```

```
④   250        ⑤    76       ⑥   813
   ×   8          ×   3          ×   6
```

⭐**5** 63 このおはじきを、8人で同じ数ずつ分けます。1人分は何こになっ
て何こあまりますか。　　10点（式5・答え5）

式

答え（　　　　　　　　　　　　　）

時間 **15**分 　合かく **80**点 　／**100**

大きい数のわり算、分数とわり算／円と球／小数／重さのたんいとはかり方

1 次の計算をしましょう。 30点（1つ10）

① 33÷3　　　② 48÷2　　　③ 88÷2

2 次の計算をしましょう。 30点（1つ5）

① 0.2+0.7　　② 0.8+0.9　　③ 6.5+1.7

④ 0.6−0.1　　⑤ 1.8−0.9　　⑥ 5−2.6

3 重さ160gのかごに、じゃがいもを970g入れました。重さは、あわせて何kg何gでしょうか。 20点（式10・答え10）

式

答え（ 　　　　　　 ）

⚠ミスに注意！

4 右の図のように、大きい円の中に、半径の等しい小さい円が3つならんでいます。 20点（1つ5）

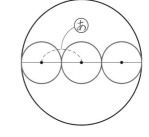

① 小さい円の半径が6cmのとき、小さい円の直径は何cmですか。

（ 　　　　　 ）

② 大きい円の直径が30cmのとき、小さい円の直径は何cmですか。

（ 　　　　　 ）

③ 小さい円の半径が2cmのとき、大きい円の直径は何cmですか。

（ 　　　　　 ）

④ あの長さが6cmのとき、小さい円の半径は何cmですか。

（ 　　　　　 ）

時間 **15**分　　合かく **80**点　　／**100**

●分数
⑮　**分数を使った大きさの表し方を調べよう**
1　等分した長さやかさの表し方　　……（1）

答え **91**ページ

サクッと
こたえ
あわせ

[もとにする大きさを等分した大きさは、分数で表すことができます。]

❶ 色をぬった部分の長さを、分数で表しましょう。　📖教 下46ページ⚠、47ページ⚠

40点（1つ10）

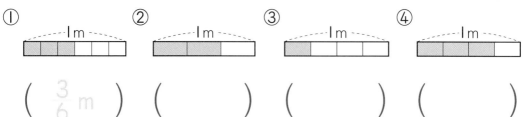

①　　　　②　　　　③　　　　④

($\frac{3}{6}$ m)　(　　)　(　　)　(　　)

❷ 次の□にあてはまる数を書きましょう。　📖教 下46〜47ページ❷　30点（1つ10）

①　1m を 5 等分した 2 こ分は ㋐□ m、4 こ分は ㋑□ m です。

②　1m を 7 等分した 2 こ分の長さは □ m です。

❸ 次の長さの分だけ、左はしから色をぬりましょう。　📖教 下47ページ④　30点（1つ10）

①　$\frac{3}{5}$ m

②　$\frac{3}{8}$ m

③　$\frac{7}{10}$ m

教科書 📖 下44〜47ページ

時間 15分 ｜ 合かく 80点 ｜ /100 ｜ 月 日

サクッと
こたえ
あわせ

●分数
⑮ 分数を使った大きさの表し方を調べよう
1 等分した長さやかさの表し方 ……(2)

答え 91ページ

[分数の分母は1を何等分しているかを表しています。]

1 次の水のかさは、1めもりの何こ分で、何Lですか。 📖教下48ページ③

40点(1つ5)

①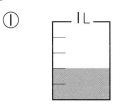

(2)こ分

(2/5)L

②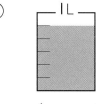

(　　)こ分

(　　)L

③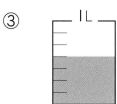

(　　)こ分

(　　)L

④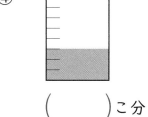

(　　)こ分

(　　)L

2 次の□にあてはまることばや数を書きましょう。 📖教下48ページ 20点(1つ5)

$\frac{1}{4}$ や $\frac{3}{5}$ のような数を ①□ といいます。4や5を ②□、

1や3を ③□ といいます。$\frac{3}{5}$ は ④□ の3こ分です。

3 次の数の分母、分子を答えましょう。 📖教下48ページ⑤ 40点(1つ10)

① $\frac{5}{6}$

分母(　　　)

分子(　　　)

② $\frac{3}{7}$

分母(　　　)

分子(　　　)

教科書 📖 下48ページ

●分数

⑮ **分数を使った大きさの表し方を調べよう**

2　分数のしくみ　　　……(1)

答え 91ページ

❶ 下の数直線を見て、問いに答えましょう。　📖教 下49ページ　50点(1つ5)

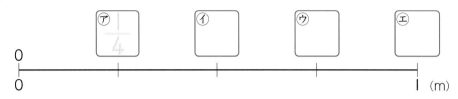

① □にあてはまる分数を書きましょう。

② 次の□にあてはまる数を書きましょう。

$\frac{1}{4}$ m の $\boxed{ア}$ こ分の長さは $\frac{4}{4}$ m で、$\boxed{イ}$ m と同じ長さです。

③ 次の分数の大小を等号や不等号で表しましょう。

　⑦ $\frac{1}{4}$ □ $\frac{2}{4}$ 　　⑦ $\frac{3}{4}$ □ $\frac{2}{4}$ 　　⑦ $\frac{4}{4}$ □ 1

④ $\frac{3}{4}$ m と $\frac{2}{4}$ m では、どちらがどれだけ長いですか。

　　　　　　　（　　　　　　　　　　　　　　　　）

❷ 下の数直線を見て、問いに答えましょう。　📖教 下50ページ　50点(1つ10)

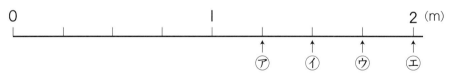

① ⑦〜①のめもりが表す長さを分数で表しましょう。

　⑦（　　　　　）　⑦（　　　　　）　⑦（　　　　　）　①（　　　　　）

② $\frac{7}{4}$ m と $\frac{5}{4}$ m では、どちらがどれだけ長いですか。

　　　　　　　（　　　　　　　　　　　　　　　　）

教科書 📖 下49〜51ページ

●分数
⑮ **分数を使った大きさの表し方を調べよう**
2 分数のしくみ   ……(2)

時間 15分 ｜ 合かく 80点 ｜ /100

月　日

サクッと
こたえ
あわせ

答え **91** ページ

❶ 下の数直線を見て、問いに答えましょう。　📖教下52ページ❹　　75点(1つ5)

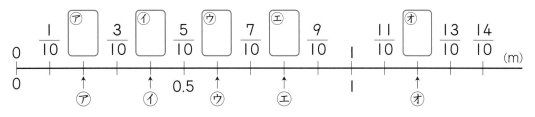

① 次の □ にはあてはまる数を、⬚ には等号または不等号を書きましょう。

$\frac{1}{10}$ は、1を $\boxed{10}$ 等分した大きさです。また、0.1は、1を □ 等

分した大きさです。だから、$\frac{1}{10}$ ⬚ 0.1 です。

② 数直線の □ にあてはまる分数を書きましょう。

③ ⑦〜⑨のめもりの表す長さを小数で表しましょう。

⑦ (　　　　　　　)　⑦ (　　　　　　　)　⑦ (　　　　　　　)

⑦ (　　　　　　　)　⑦ (　　　　　　　)

④ $\frac{3}{10}$ と0.5、$\frac{9}{10}$ と0.9を等号や不等号を使って表しましょう。

(　　　　　　　　　) (　　　　　　　　　)

❷ □ にあてはまる等号や不等号を書きましょう。　📖教下52ページ⚠　25点(1つ5)

① $\frac{6}{10}$ □ 0.7　　② $\frac{4}{10}$ □ 0.4　　③ $\frac{11}{10}$ □ 0.1

④ $\frac{14}{10}$ □ 0.4　　⑤ $\frac{2}{10}$ □ 2

●分数

⑮　分数を使った大きさの表し方を調べよう
３　分数のしくみとたし算、ひき算

 時間 **15**分 ｜ 合かく **80**点 ｜ ／**100**

月　　日

 サクッと
こたえ
あわせ

答え **92** ページ

◆ $\frac{1}{8}+\frac{3}{8}$、$\frac{3}{8}-\frac{1}{8}$ の計算

・$\frac{1}{8}+\frac{3}{8}$ → $\frac{1}{8}$ が（１＋３）こ → $\frac{1}{8}$ が４こ

・$\frac{3}{8}-\frac{1}{8}$ → $\frac{1}{8}$ が（３－１）こ → $\frac{1}{8}$ が２こ

$$\frac{1}{8}+\frac{3}{8}=\frac{4}{8}$$

$$\frac{3}{8}-\frac{1}{8}=\frac{2}{8}$$

❶ 牛にゅうがパックに $\frac{2}{10}$ L、びんに $\frac{5}{10}$ L 入っています。あわせて何 L ですか。📖教下53ページ❶　　　20点（式10・答え10）

式 $\frac{2}{10}+\frac{5}{10}$

答え（　　　　　　　）

❷ 次の計算をしましょう。📖教下53ページ⚠　　　30点（1つ10）

① $\frac{3}{10}+\frac{5}{10}$　　② $\frac{1}{4}+\frac{3}{4}$　　③ $\frac{1}{6}+\frac{4}{6}$

❸ むぎ茶が $\frac{3}{5}$ L あります。$\frac{2}{5}$ L 飲むと、のこりは何 L ですか。
📖教下54ページ❷　20点（式10・答え10）

式

答え（　　　　　　　）

❹ 次の計算をしましょう。📖教下54ページ⚠　　　30点（1つ10）

① $\frac{8}{10}-\frac{5}{10}$　　② $\frac{5}{6}-\frac{3}{6}$　　③ $1-\frac{3}{8}$

まとめの
ドリル
63。

●分数
⑮ 分数を使った大きさの表し方を調べよう

 時間 **15**分　合かく **80**点　／**100**　月　日

サクッと
こたえ
あわせ

答え **92**ページ

1 色をぬった部分の長さを、分数で表しましょう。　20点（1つ10）

①
（　　　　　　）

②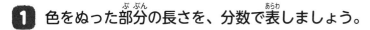
（　　　　　　）

2 □にあてはまる等号や不等号を書きましょう。　30点（1つ5）

① $\dfrac{3}{8}$ □ $\dfrac{5}{8}$

② $\dfrac{7}{6}$ □ $\dfrac{2}{6}$

③ $\dfrac{11}{9}$ □ $\dfrac{13}{9}$

④ $\dfrac{7}{10}$ □ 0.8

⑤ $\dfrac{5}{10}$ □ 0.5

⑥ $\dfrac{14}{10}$ □ 1.4

3 下の数直線を見て答えましょう。　20点（1つ5）

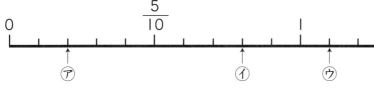

① ⑦、⑦、⑦のめもりが表す分数を書きましょう。

⑦（　　　　　）　⑦（　　　　　）　⑦（　　　　　）

② 0.3 を表すめもりに、↑を書きましょう。

4 次の計算をしましょう。　30点（1つ5）

① $\dfrac{3}{9}+\dfrac{5}{9}$

② $\dfrac{3}{4}+\dfrac{1}{4}$

③ $\dfrac{2}{6}+\dfrac{3}{6}$

④ $\dfrac{7}{10}-\dfrac{4}{10}$

⑤ $\dfrac{5}{8}-\dfrac{3}{8}$

⑥ $1-\dfrac{4}{7}$

きほんの
ドリル
64。

⑯ □を使って場面を式に表そう……（1）

● □を使った式

時間 15分　合かく 80点　/100

月　日

サクッと
こたえ
あわせ

答え 92ページ

[わからない数があっても、□を使うと、式に表すことができます。]

よく読んで！

❶ しょうたさんは、本を 27 さつ持っていました。お兄さんから何さつかもらったので、本は全部で 42 さつになりました。　📖教下59～60ページ❶

40点（①20（1つ10）、②20（式10・答え10））

はじめの 27 さつ　　　もらった □ さつ

全部で 42 さつ

① もらった本の数を□さつとして式に表します。□にあてはまる数を書きましょう。

27　　　＋　　　□　　　＝

はじめにあった数　＋　もらった数　＝　全部の数

② □にあてはまる数をもとめる式を考えて、お兄さんからもらった本の数をもとめましょう。

式

答え（　　　　　　　）

よく読んで！

❷ 学校で何人かが遊んでいました。13 人帰ったので、のこりは 38 人になりました。

📖教下61ページ❷　60点（①20、②40（式20・答え20））

遊んでいた □ 人

帰った13人　　のこった 38 人

① わからない数を□として、ひき算の式に表しましょう。

（　　　　　　　）

② □にあてはまる数をもとめる式を考えて、遊んでいた人数をもとめましょう。

式

答え（　　　　　　　）

教科書 📖 下58～61ページ

きほんの
ドリル
65。

●□を使った式

⑯ **□を使って場面を式に表そう……(2)**

1 あめを同じ数ずつ7人に配ったら、全部で56こいりました。　📖教下62ページ③

50点(①20、②30(式15・答え15))

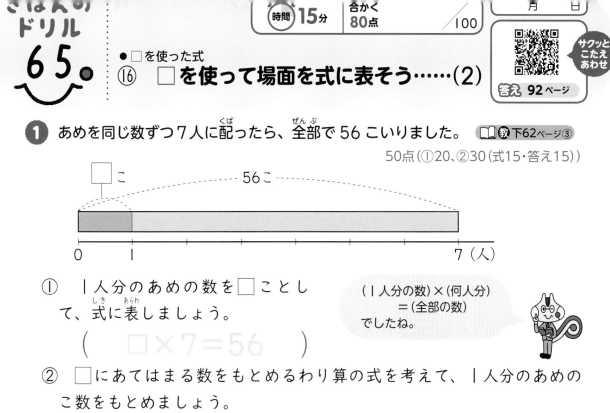

① 1人分のあめの数を□ことして、式に表しましょう。

(□×7＝56)

(1人分の数)×(何人分)
＝(全部の数)
でしたね。

② □にあてはまる数をもとめるわり算の式を考えて、1人分のあめのこ数をもとめましょう。

式

答え (　　　　　　)

2 おはじきが何こかあります。6人で同じ数ずつ分けたら、1人分は9こになりました。　📖教下62ページ⚠

50点(①20、②30(式15・答え15))

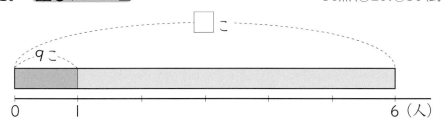

① 全部のおはじきの数を□ことして、式に表しましょう。

(　　　　　　　　)

② □にあてはまる数をもとめるかけ算の式を考えて、全部のおはじきのこ数をもとめましょう。

式

答え (　　　　　　)

● かけ算の筆算（2）

⑰　**かけ算の筆算を考えよう**

Ⅰ　何十をかける計算

[6×30 は、6×3 の 10 倍と考えることができ、180 となります。]

❶　次の計算をしましょう。　📖教下65〜66ページ❶、68ページ⚠　30点(1つ5)

①　2×30 ＝ 60　　　②　3×30　　　　③　7×50

④　6×80　　　　⑤　9×20　　　　⑥　8×90

❷　次の □ にあてはまる数を書きましょう。　📖教下66ページ③　10点(1つ5)

13×30 の計算のしかたを考えます。

13×30＝13×3×10

　　　　＝ ⑦ □ ×10

　　　　＝ ⑦ □

> 10倍は、さいごに
> 0を1つつければ
> よかったよ。

❸　次の計算をしましょう。　📖教下67ページ⚠　60点(1つ10)

①　23×30　　　②　12×40　　　③　30×60

④　70×40　　　⑤　24×20　　　⑥　21×80

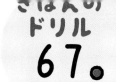

●かけ算の筆算（2）

⑰ **かけ算の筆算を考えよう**

2　2けたの数をかける計算　　……（1）

サクッと
こたえ
あわせ

答え **93**ページ

① 次の□にあてはまる数を書きましょう。　📖教下67～68ページ**❶**　20点（1つ10）

12×24 の計算のしかたを考えます。

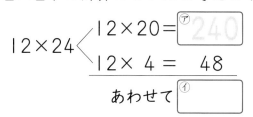

$$12 \times 24 \begin{cases} 12 \times 20 = ⑦\ \boxed{240} \\ 12 \times 4 = 48 \end{cases}$$

あわせて ⑦ □

24 を 20 と4に
分けて考えよう。

② 次の筆算をしましょう。　📖教下69ページ◇　　20点（1つ5）

① 　18
　×13

② 　42
　×21

③ 　23
　×32

④ 　36
　×12

③ □にあてはまる数を書きましょう。　📖教下69ページ**❷**　30点（1だい10）

①
　　3 8
× 　3 1
　□ □
□ □ □
□ □ □ □

②
　　4 8
× 　5 1
　□ □
□ □ □
□ □ □ □

③
　　1 7
× 　8 6
　□ □ □
□ □ □
□ □ □ □

⚠️ミスに注意！

④ 次の筆算をしましょう。　📖教下69ページ◇　　30点（1つ5）

① 　68
　×22

② 　85
　×23

③ 　56
　×48

④ 　37
　×19

⑤ 　72
　×72

⑥ 　26
　×35

教科書 📖 下67～69ページ

きほんの
ドリル
68。

時間 15分　合かく 80点　/100

サクッと
こたえ
あわせ

●かけ算の筆算（2）
⑰　かけ算の筆算を考えよう
2　2けたの数をかける計算　……（2）　答え 93ページ

[かけ算のきまりを使うと、計算しやすくなる場合があります。]

❶ 次の筆算をしましょう。教下70ページ❸、④

20点（1つ10）

① 　24
　×20
　480

② 　74
　×30

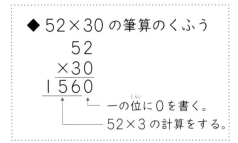
◆ 52×30 の筆算のくふう
　　52
　×30
　1560
　← 一の位に0を書く。
　← 52×3 の計算をする。

❷ 次の筆算をしましょう。教下70ページ❸、⑤

20点（1つ10）

① 　　7
　×28

② 　　6
　×91

◆ 4×36 の筆算のくふう

　　4　　　　　　　36
　×36　　　　　×　4
　　24　　　　　144
　　12
　144
　かける数とかけられる数を入れかえる。

[3けたの数×2けたの数の筆算も、2けたの数×2けたの数と同じようにします。]

❸ □ にあてはまる数を書きましょう。教下71ページ❹

30点（1だい15）

①
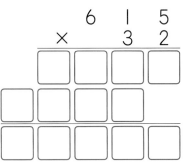
　　2 3 6
　×　4 8
　1 8 8 8
　9 4 4

②
　　6 1 5
　×　3 2

⚠ミスに注意！

❹ 次の筆算をしましょう。教下71ページ⑥

30点（1つ10）

① 　133
　× 25

② 　238
　× 43

③ 　319
　× 47

教科書 下70〜71ページ

● かけ算の筆算 (2)

⑰ **かけ算の筆算を考えよう**

3　暗算

[25×3 の暗算は、25 を 20 と 5 に分けて考えます。]

❶ 暗算で計算しましょう。　📖教下72ページ❶　　　　80点(1つ10)

① 23×3 ＝ 69　　② 41×2　　　　③ 15×3

④ 4×12　　　　⑤ 25×2　　　　⑥ 4×15

⑦ 45×20　　　　⑧ 4×250

❷ 1こ 21 円のあめを 4 こ買いました。代金はいくらですか。

📖教下72ページ　10点(式5・答え5)

式

答え（　　　　　　　）

❸ 15 人のグループが 40 グループあります。全部で何人ですか。

📖教下72ページ　10点(式5・答え5)

式

答え（　　　　　　　）

さいごに 10 倍すれば
暗算がかんたんになり
ますね。

教科書 📖 下72ページ

● かけ算の筆算（2）

⑰ **かけ算の筆算を考えよう**

サクッと
こたえ
あわせ

答え **93**ページ

1 次の計算をしましょう。　　　　　　　　　　　　　　　　15点（1つ5）

① 3×20　　　② 4×40　　　③ 8×70

⚠️ミスに注意！

2 次の筆算をしましょう。　　　　　　　　　　　　　　　　30点（1つ5）

```
①      69        ②      34        ③      18
      ×44              ×64              ×40
```

```
④     438        ⑤     279        ⑥     526
     ×  14             ×  32             ×  55
```

3 けいたさんのサッカーチームは28人です。電車に乗ってし合に行きます。電車代は1人780円です。28人分の電車代はいくらですか。

25点（式15・答え10）

式

答え（　　　　　　　　）

4 暗算で計算しましょう。　　　　　　　　　　　　　　　　30点（1つ5）

① 24×2　　　② 31×3　　　③ 42×3

④ 120×4　　　⑤ 410×3　　　⑥ 25×20

教科書 下64〜73ページ

倍の計算

[何倍をもとめるときには、かけ算を使います。]

❶ ゆうまさんは、自分のあたを使ってつくえ
のたての長さをはかりました。
　ゆうまさんのあたは 12cm です。つくえ
のたての長さは、ゆうまさんのあたの4倍で
した。つくえのたての長さは何 cm ですか。

この長さを「あた」
と言います。

📖教 下76〜77ページ❶　25点(式15・答え10)

式

答え（　　　　　　　）

❷ 玉入れをしました。ひかるさんのチームは、｜回目は 13 こ入りました。
2回目は｜回目の3倍入りました。2回目は何こ入りましたか。

📖教 下77ページ⚠　25点(式15・答え10)

式

答え（　　　　　　　）

❸ あゆさんのつかは4cm です。つくえの横
の長さは 60cm です。つくえの横の長さは
あゆさんのつかの何倍ですか。

📖教 下78ページ❷　25点(式15・答え10)

式

この長さを「つか」
と言います。

答え（　　　　　　　）

❹ けんすいを、ひろしさんは 32 回、弟は 8 回できました。ひろしさんの
けんすいの回数は、弟の回数の何倍ですか。　📖教 下78ページ⚠

25点(式15・答え10)

式

答え（　　　　　）

教科書 📖 下76〜79ページ

● 三角形と角
⑱ **三角形を調べよう**
Ⅰ 二等辺三角形と正三角形

……（Ⅰ）
答え 94ページ

[3つの辺の長さをくらべるには、コンパスを使うとべんりです。]

❶ 次のような三角形を何といいますか。 📖教 下81〜82ページ❶　30点（1つ15）

① 2つの辺の長さが等しい三角形

(二等辺三角形)

② 3つの辺の長さがどれも等しい三角形

( )

❷ 下の図を見て答えましょう。 📖教 下82ページ⚠　70点（1つ10）

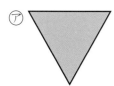 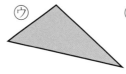

⑦　　　　　　⑦　　　　　⑦　　　　　　⑦

 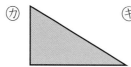 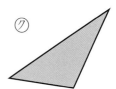

⑦　　　　　　⑦　　　　　⑦　　　　　　⑦

⑦　　　　　　⑦

中心

① 二等辺三角形はどれですか。（4つ）

( )

② 正三角形はどれですか。（3つ）

( )

教科書 📖 下80〜82ページ

● 三角形と角
⑱ **三角形を調べよう**
１　二等辺三角形と正三角形 ……（2）

[コンパスを使ってかきましょう。]

❶ 次の三角形をかきましょう。　📖教下83ページ**2**、84ページ**3**　50点(1つ25)

① 辺の長さが6cm、4cm、4cm
の二等辺三角形

② 辺の長さが5cm、5cm、5cm
の正三角形

❷ 次の三角形を円を使ってかきましょう。　📖教下85〜87ページ**4**、87ページ⚠ 50点(1つ25)

① 辺の長さが2cm、3cm、3cm
の二等辺三角形

② 辺の長さが2cm、2cm、2cm
の正三角形

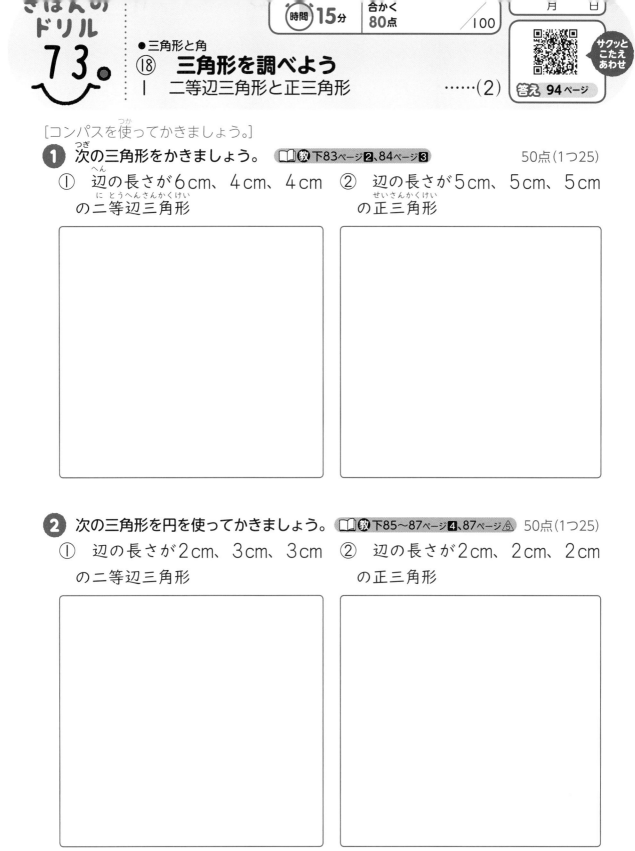

教科書 📖 下83〜87ページ

時間 **15**分 ｜ 合かく **80**点 ｜ /100 ｜ 月 日

●三角形と角
⑱ **三角形を調べよう**
2 三角形と角

サクッと
こたえ
あわせ

答え **94**ページ

[紙にかいた三角形をおり重ねて、角の大きさをくらべることができます。]

❶ □にあてはまることばを書きましょう。 📖教 下88ページ❶　40点(1つ10)

①

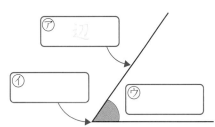

⑦ 辺

⑦

⑨

② 角をつくっている辺の開きぐあいを、角の □ といいます。

❷ 右の2つの三角じょうぎについて、次の問いに
答えましょう。 📖教 下88〜89ページ❶、91ページ⚠

60点(1つ10)

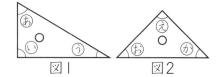

図1　　図2

① 直角になっている角は、どれですか。

（　　　　　）

② 角の大きさが等しくなっている角は、どれとどれですか。

（　　　　　）

③ 角の大きさがいちばん小さい角はどれですか。

（　　　　　）

④ 図1の三角じょうぎを2まいならべると、何という三角形ができます
か。2つ書きましょう。

（　　　　　）

（　　　　　）

⑤ 図2の三角じょうぎを2まいならべると、何という三角形ができます
か。

（　　　　　）

教科書 📖 下88〜91ページ

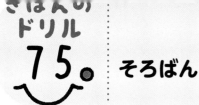

75。 そろばん

時間 **15**分 ｜ 合かく **80**点 ｜ /100

月　日

サクッと こたえ あわせ

答え **94**ページ

❶ そろばんの部分の名前を書きましょう。　📖教下95ページ　30点（1つ5）

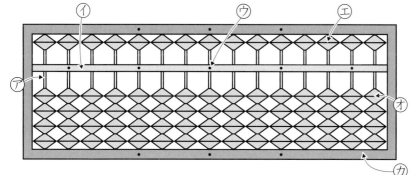

　⑦（　　けた　　）　　　④（　　　　　　　）　　　⑦（　　　　　　　）

　⑤（　　　　　　　）　　　⑦（　　　　　　　）　　　⑦（　　　　　　　）

❷ □にはあてはまる数を、（　）にはあてはまることばを書きましょう。

📖教下95ページ　30点（1つ10）

一だまは1つで ⑦□ を表し、五だまは1つで ④□ を表します。

（⑦　　　　　　　）のあるけたを一の位として、そこからじゅんに、十、百、千、一万、…と位取りをします。

❸ 次の数を数字で書きましょう。　📖教下95ページ　20点（1つ10）

①　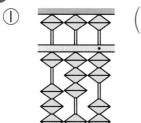　（　　　　　　　）　　②　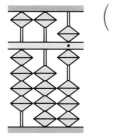　（　　　　　　　）

❹ そろばんで計算しましょう。　📖教下96〜97ページ　20点（1つ5）

①　32＋16

②　0.3＋1.5

③　100−23

④　563−374

教科書 📖 下95〜97ページ

時こくと時間のもとめ方／わり算／たし算とひき算の筆算／
長いものの長さのはかり方と表し方／暗算

時間 **20**分　合かく **80**点　／**100**

サクッと
こたえ
あわせ

答え **95** ページ

月　日

1 家を出てから 20 分歩いて、11 時 10 分に公園に
着きました。家を出た時こくは何時何分ですか。 10点

(　　　　　　　)

2 次の計算をしましょう。　　　　　　　30点（1つ5）

① 24÷6　　　② 72÷8　　　③ 45÷5

④ 56÷8　　　⑤ 35÷7　　　⑥ 81÷9

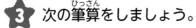

3 次の筆算をしましょう。　　　　　　　30点（1つ5）

① 　342
　+489

② 　268
　+637

③ 　5014
　+2997

④ 　872
　−356

⑤ 　801
　−643

⑥ 　4205
　−3729

4 学校からゆうびん局までの、道のりときょりの
ちがいは何 m ですか。　　　10点

(　　　　　　　)

ゆうびん局
540m
340m
学校
250m

5 暗算で計算しましょう。　　　　　　　20点（1つ5）

① 45+25　　② 18+73　　③ 76−35　　④ 84−57

あまりのあるわり算／大きい数のしくみ／かけ算の筆算（1）／
大きい数のわり算、分数とわり算／円と球

1 次の計算をしましょう。　　　　　　　　　　　　　30点（1つ5）

① 56÷9　　　　② 48÷7　　　　③ 38÷8

④ 30÷4　　　　⑤ 46÷5　　　　⑥ 59÷7

2 数字で書きましょう。　　　　　　　　　　　　　15点（1つ5）

① 100万を7こ、10万を4こ、1000を9こあわせた数

（　　　　　　　　　　　　）

② 1000を58こ集めた数　　　（　　　　　　　　　　　　）

③ 1000万を10こ集めた数　　（　　　　　　　　　　　　）

3 次の筆算をしましょう。　　　　　　　　　　　　　30点（1つ5）

①　　24　　　　②　　63　　　　③　　86
　　×　2　　　　　　×　3　　　　　　×　7

④　　302　　　⑤　　416　　　⑥　　549
　　×　　3　　　　　×　　6　　　　　×　　5

4 次の計算をしましょう。　　　　　　　　　　　　　15点（1つ5）

① 69÷3　　　　② 84÷2　　　　③ 66÷6

5 1辺が12cmの正方形の色紙があります。
右のように、この色紙から、できるだけ大きな
円を切り取ります。円の半径は、何cmにすれ
ばよいですか。

10点

（　　　　　　　　　　　　）

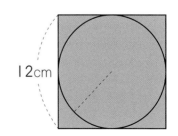

12cm

小数／重さのたんいとはかり方／分数／
かけ算の筆算（2）／三角形と角

1 次の筆算をしましょう。　　　　　　　　25点（1つ5）

① 　3.1
　+2.5

② 　5.6
　+1.7

③ 　3
　+1.9

④ 　4.7
　−3.2

⑤ 　6.3
　−2.7

2 重さ300gの箱に、900gの野さいを入れて送ります。全体の重さは何kg何gになりますか。　　　　20点（式10・答え10）

式

答え（　　　　　　　　　）

3 次の計算をしましょう。　　　　　　　　20点（1つ5）

① $\dfrac{3}{5} + \dfrac{1}{5}$　② $\dfrac{6}{8} + \dfrac{2}{8}$　③ $\dfrac{8}{9} - \dfrac{7}{9}$　④ $1 - \dfrac{2}{10}$

⚠ミスに注意！

4 次の筆算をしましょう。　　　　　　　　25点（1つ5）

① 　28
　×36

② 　46
　×70

③ 　75
　×64

④ 　142
　× 23

⑤ 　507
　× 83

5 右の□の中に、辺の長さが2cm、2cm、3cmの二等辺三角形をかきましょう。　　10点

●ドリルやテストが終わったら、うしろの
「がんばり表」に色をぬりましょう。
●まちがえたら、かならずやり直しましょう。
「考え方」も読み直しましょう。

1. ① かけ算 1ページ

1 ①5　②7　③4
　　④6　⑤5　⑥6
2 ①7　②3　③8
　　④2
3 ①8　②36　③56

考え方 **1** ①、③、⑤かける数が｜大きく
なると、答えはかけられる数だけ大きくな
ります。
　②、④、⑥かける数が｜小さくなると、答
えはかけられる数だけ小さくなります。
2 かけられる数とかける数を入れかえても、
答えは同じになります。
3 横(よこ)にならんだ数が、いくつずつ大きく
なっているかを考えます。
　①●、12、16の行は4のだんの九九で
もとめられます。4×3=12、4×4=16
なので、●にあてはまる数は4×2=8で、
8です。
　③48、●、64の行は8のだんの九九で
もとめられます。8×6=48、8×8=64
なので、●にあてはまる数は8×7=56
で、56です。

2. ① かけ算 2ページ

1 ①⑦4　④24　⑦54
　　②⑦4　④36　⑦54
2 ①2　②3
3 ①50
　　②⑦4　④20　⑦50
4 ①7　②7
5 式(しき) 10×5=50　　　答え 50こ

考え方 **1** かけ算では、かけられる数を分
けて計算しても、答えは同じになります。
また、かける数を分けて計算しても答えは
同じになります。

3. ① かけ算 3ページ

1 ①52
　　②⑦10　④40
　　　⑦12　㋹52
　　③⑦9　④36
　　　⑦4　㋹52
2 ①⑦10　④4　　⑦60
　　②⑦45　④60
3 ①65　②78　③91
　　④56　⑤84　⑥112

考え方 **1** ③13を9と4に分けて考えま
す。
2 ①15を10と5に分けて考えます。
3 ①～③13を10と3に、④～⑥14を
10と4に分けて考えるようにしましょう。

4. ① かけ算 4ページ

1 ①⑦2　④6
　　　⑦3　㋹3
　　②⑦0　④0
　　　⑦3　㋹0
　　③式 6+3+0+0=9　　答え 9点
2 ①0　②0　③0
　　④0　⑤0　⑥0
3 ①3　②7　③8　④4

考え方 **2** どんな数に0をかけても、0に
どんな数をかけても、答えはいつも0にな
ります。

① かけ算

1
①4　②7
③7　④9
⑤7　⑥6
⑦4　⑧8
⑨7　⑩7

2
①㋐45　㋑3
　㋒27　㋓72
②㋐6　㋑48
　㋒32　㋓80
③㋐10　㋑60
　㋒30　㋓90
④㋐2　㋑24
　㋒48

3 ㋐、㋒、㋓

考え方 **2** かけ算では、かけられる数やかける数を分けて計算しても、答えは同じになります。

6。 ② 時こくと時間のもとめ方 6ページ

1 ①㋐10　㋑20
②3時20分
2 ①㋐10　㋑30
②40分
3 1時間20分
4 ①1時間10分　②2時間10分

考え方
4 ① 0 ／ 1時間
20分／50分
② 0　1時間　2時間
1時間40分／30分

7。 ② 時こくと時間のもとめ方 7ページ

1 ①50秒　②35秒
2 ①20秒　②60秒
3 ①60　②300　③90
④1(分)40(秒)　⑤1(分)25(秒)
4 あきらさんが2秒はやく走った。

---

③ 60秒＋30秒＝90秒
④100秒＝60秒＋40秒＝1分40秒
⑤85秒＝60秒＋25秒＝1分25秒
4 時間の短いほうの人がはやいです。

8。 ③ わり算 8ページ

1 ①㋐16　㋑4　㋒4
②わり算
2 15÷3＝5
3 ①4（のだん）　②5
4 ①4　②4　③8
5 式　42÷6＝7　　答え　7本

考え方 **4** ○÷△では、わる数△のだんの九九を使います。①○÷3なので、3のだん、②○÷8なので、8のだん、③○÷9なので、9のだんです。

5 42÷6なので、6のだんの九九を使って、「六七42」から、答えは、7本。文章題では、答えのたんいに注意しましょう。

9。 ③ わり算 9ページ

1 ①6、÷、6、わり
②3
③わられ、わ
2 ①3　②3
3 式　28÷4＝7　　答え　7人
4 式　42÷6＝7　　答え　7本

考え方 **1** ③「○÷△」では、○を「わられる数」、△を「わる数」といいます。

3 28÷4は、4のだんの九九で、「四七28」から、28÷4＝7となります。たんいをわすれないようにしましょう。

4 42÷6は、6のだんの九九で、「六七42」から、42÷6＝7となります。たんいをわすれないようにしましょう。

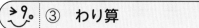

❶ ①式 $6 \div 6 = \boxed{1}$　　　答え　| こ

　②式　$0 \div 6 = 0$　　　　答え　0 こ

❷ 式　$8 \div 1 = 8$　　　　　答え　8人

❸ ①3　　　②0　　　③1

　④0　　　⑤6　　　⑥1

考え方　1でわると、答えはわられる数と同じになります。また、0を、0でないどんな数でわっても、すべて0になります。

⑪。④ たし算とひき算の筆算　11ページ

❶ 式　$122 + 183 = 305$　　答え　305円

筆算
```
   1
  122
 +183
  305
```

❷ ①889　　②773

　③859　　④583

　⑤670　　⑥516

　⑦785　　⑧575

❸ 式　$375 + 289 = 664$　　答え　664円

筆算
```
  1 1
  375
 +289
  664
```

考え方　筆算は、位をきちんとそろえて書きます。けた数が多くなっても、計算のしかたは（2けた）＋（2けた）のときと同じです。

❶ 十の位がくり上がります。

❸ 一の位、十の位がくり上がります。

❶ ①
```
  11
 468
+254
 722
```
②
```
  1
 597
+532
1129
```

❷ ①
```
 11
 258
+687
 945
```
②
```
 1
 786
+407
1193
```
③
```
 11
 389
+ 42
 431
```
④
```
  1
  74
+568
 642
```
⑤
```
 11
 408
+495
 903
```
⑥
```
 11
 378
+ 28
 406
```
⑦
```
 615
+632
1247
```
⑧
```
  1
 509
+742
1251
```

❸ 式　$345 + 156 = 501$

筆算
```
 11
 345
+156
 501
```
答え　501 ページ

考え方　一の位、十の位、百の位のじゅんにたします。くり上がりの分をたしわすれないようにします。

❶ ②、❷ ②・⑦・⑧　百の位がくり上がるので、答えは4けたになります。

⑬。④ たし算とひき算の筆算　13ページ

❶ 式　$218 - 185 = 33$

筆算
```
  1
 218
-185
  33
```
答え　33 まい

❷ ①
```
 547
-215
 332
```
②
```
 865
-511
 354
```
③
```
   2
 431
-202
 229
```
④
```
   4
 352
- 36
 316
```
⑤
```
   7
 680
-  7
 673
```
⑥
```
  6
 728
-373
 355
```
⑦
```
  8
 905
- 54
 851
```
⑧
```
  1
 289
- 98
 191
```

考え方 計算のしかたは（2けた）−（2けた）のときと同じです。くり下がりに気をつけます。

14。④ たし算とひき算の筆算 14ページ

❶

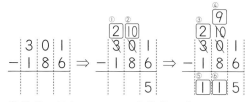

❷ ①筆算　56
たしかめ
```
      56
   +545
     601
```
②筆算　2
たしかめ
```
       2
   +498
     500
```

❸ ①336　　②566　　③629

❹ ①
```
     99
   1010 10
    1000
  −  233
     767
```
②
```
     99
   1010 10
    1000
  −  326
     674
```

考え方 ❹ 百の位は千の位からくり下がって10→9、十の位も百の位からくり下がって10→9になります。

15。④ たし算とひき算の筆算 15ページ

❶ ①4998　　②9811　　③6204
④4444　　⑤3735　　⑥3658

❷ ①
```
     1 1
   1586
  +3249
   4835
```
②
```
     1 1
   6084
  +2931
   9015
```
③
```
      1 1
   8532
  + 476
   9008
```

④
```
    1 1 1
     65
  +4935
   5000
```
⑤
```
       7
   5824
  −1382
   4442
```
⑥
```
    80 10 9
   9104
  −7596
   1508
```

⑦
```
    6 7
   7384
  − 926
   6458
```
⑧
```
    1 10 2
   2031
  −  59
   1972
```

16。⑤ 長いものの長さのはかり方と表し方 16ページ

❶ ①2m85cm　　②3m10cm
③6m65cm　　④7m5cm
⑤12m3cm　　⑥12m71cm
⑦9m46cm　　⑧9m98cm

❷ ①

②
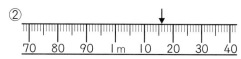

考え方 ❶ ③7mより左にあるから、7mより短くて、6m65cmとなります。
④7mより右にあるから、7mより長いことがわかります。7mよりめもり5つ分右だから、7m5cmです。
❷ ①5mより長いから、5mより右の20と30の間にあります。

17。⑤ 長いものの長さのはかり方と表し方 17ページ

❶ ①2000　　②7000
③5　　　　④8
⑤⑦3　①580　　⑥⑦1　①37
⑦2650　　⑧4095

❷ ①道のり　　　　②きょり

❸ ①750m
②（じゅんに）1050m、1km50m
③300m

2km はその2つ分で2000m となります。

③1000m＝1km だから、5000m はその5つ分で5km となります。

⑤3580m は、3000m と580m。つまり3km と580m です。

⑥1037m は、1000m と37m だから、1km と37m となります。

⑦2km 650m で、2km＝2000m です。650m をあわせると、2650m となります。

⑧4000m と95m だから、あわせると4095m となります。

③ ①きょりはまっすぐにはかった長さです。

②450＋600＝1050（m）

③1050－750＝300（m）

18. ⑥ ぼうグラフと表
18ページ

① ①⑦8　　⑦3　　⑤正

②サッカー

③なわとび

④35人

② ①⑦7　　⑦7　　⑤9　　⑤6

②バナナ、ぶどう

③メロン

考え方 **②** ②左の表にあって、右の表にないくだものが「その他」になります。

19. ⑥ ぼうグラフと表
19ページ

① ①1台　　②8台　　③乗用車

④2倍　　⑤55台

② ①9

②1人

③右の図

④26人

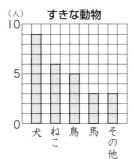

すきな動物

20. ⑥ ぼうグラフと表
20ページ

① ①2人　　②9人　　③ピーマン

④2倍　　⑤45人

② ①⑦

②（れい）人数がいちばんわかりやすいグラフだから。

考え方 **②** ぼうグラフに表すときは、何が多くて何が少ないかひと目でわかるようにかきましょう。

21. ⑥ ぼうグラフと表
21ページ

① ①10月　　②物語　　③79人

④⑦14　　⑦4

　⑤13　　⑤20

　⑦35　　⑦42

　⑦37　　⑦114

⑤9月から11月に物語をかりた人の合計の人数

⑥物語

⑦11月に科学をかりた人

考え方 ⑥横の合計の人数をくらべます。

22. ⑦ 暗算
22ページ

① ①9　　②60　　③9　　④51

② ①4　　②58　　③4　　④62

③ ①47　　②64　　③88

④69　　⑤71　　⑥93

④ ①40　　②22　　③5　　④17

⑤ ①11　　②16　　③8

④48　　⑤28　　⑥3

考え方 暗算をするときは、たす数やひく数を十の位と一の位に分けて計算しましょう。

⓵　①6　　　②7　　　③8
　　④6　　　⑤9　　　⑥9
　　⑦9　　　⑧5　　　⑨5
　　⑩10
⓶　①10時20分　　　②8時50分
　　③1時間15分
⓷　式　56÷7=8　　　　　答え　8こ

考え方

⓶　①
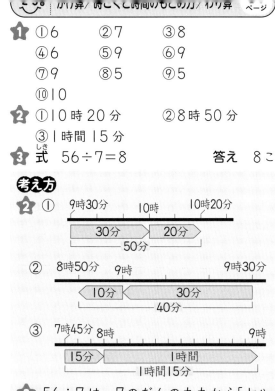

⓷　56÷7は、7のだんの九九から「七八56」

⓵　①
```
   212
 +457
  669
```
　②
```
   559
 -274
  285
```
　③
```
   683
 +148
  831
```
　④
```
   569
 -  81
  488
```
　⑤
```
   953
 +  47
 1000
```
　⑥
```
   702
 -506
  196
```
　⑦
```
   835
 +682
 1517
```
　⑧
```
   500
 -423
   77
```
　⑨
```
   1998
 +6473
  8471
```
　⑩
```
   6022
 -   85
  5937
```

⓶　①2m85cm　　　②3m29cm
⓷　①い　　　②あ　　　③う

⓵　①4人　　②28人　　③白
　　④20人　　⑤102人
⓶　①37　　　②99　　　③75
　　④91　　　⑤71　　　⑥90
⓷　①12　　　②22　　　③13
　　④28　　　⑤8　　　⑥47

考え方　⓵　⑤赤は28人、青は36人、黄は22人、白は16人なので、
28+36+22+16=102より102人です。

⓶　③39を30と9に分けて考えて、36にまず30をたして66。これに9をたして、75となります。ほかの考え方もあります。

⓷　③18を10と8に分けて考えて、31からまず10をひいて21。これからさらに8をひいて、13となります。ほかの考え方もあります。

❶　①×　　　②○　　　③○　　　④×
❷　①15÷4
　　②4のだん
　　③㋐3　　　㋑1　　　㋒4　　　㋓3
　　④3人に分けられて、3こあまる。
❸　①2　　　②3　　　③4　　　④5

考え方　❶　わる数の九九を使って、わりきれるか、わりきれないかを調べます。

❷　あまりがあるわり算も、わる数の九九を使って、わられる数より小さい数でもっとも近いものをさがします。いくら近い数でも、わられる数より大きいものは、答えにはなりません。

1 ①4あまり1　　②1あまり3
③3あまり1　　④3あまり4
⑤6あまり5　　⑥6あまり3

2 ①3　　　②7　　　③3

3 ①5×7+1=36
②9×8+7=79

4 ①7あまり6
②7あまり1

5 式　41÷7=5あまり6
答え　1人分は5こになって、6こあまる。

考え方 **2** たしかめは、(わる数)×(答え)
+(あまり)=(わられる数)　で計算します。
3 **2**のたしかめの式にあてはめて計算します。
4 ①8×8+2=66になってしまいます。
8×8=64はわられる数より大きいので、
答えは8よりも小さくなります。
5 わりきれるわり算のときと同じように、
41÷7という式を考えます。あとは7の
だんの九九を使って、7×5=35を見つ
け、41-35=6であまりをもとめます。

1 式　65÷8=8あまり1　　8+1=9
答え　9箱

2 式　30÷4=7あまり2　　7+1=8
答え　8台

3 式　18÷4=4あまり2　　答え　4台

4 式　50÷8=6あまり2　　答え　6本

考え方 **1** **2** あまりも同じように1つ分
とあつかうので、答えに1をたします。
3 **4** あまりのタイヤ2こ、テープ2cm
は使うことができないので、あまりは切り
すてて答えます。

1 ①5あまり5
②5あまり2

2 ①3あまり1
たしかめ　5×3+1=16
②8あまり2
たしかめ　4×8+2=34
③4あまり4
たしかめ　6×4+4=28
④6あまり5
たしかめ　8×6+5=53
⑤7あまり6
たしかめ　9×7+6=69
⑥6あまり6
たしかめ　7×6+6=48

3 式　52÷6=8あまり4
答え　1人分は8本になって、4本あまる。

4 式　2L6dL=26dL
26÷4=6あまり2　　6+1=7
答え　7つ

考え方 **4** あまりもコップ1つ分とあつか
うために、答えに1をたします。

1 ①(じゅんに)3、1、5、8、2
②(じゅんに)8、1、8、0、5
③(じゅんに)6、2、0、0、9

2 ①4　　　　②9
③2　　　　④3

3 ①11896　②20018

考え方 **2** 千の位の0は、漢字では書かれ
ていませんが、数字では0を書きます。
例　三百五→305

1 ①1 ②3 ③6
④7 ⑤9 ⑥4
2 ①三千八百四万七千百二
②百二十九万六千五十八
3 ①2913067 ②90400000
4 ①18 ②42000 ③560

考え方 一万の位の左を、じゅんに、十万の位、百万の位、千万の位といいます。

---

32. ⑨ 大きい数のしくみ 32ページ

1 ①1000
②ア…10000 イ…22000
ウ…48000
③

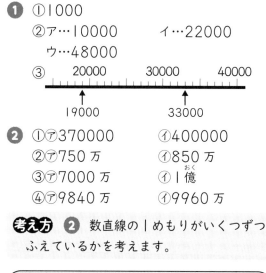

20000　30000　40000
19000　　33000

2 ①⑦370000 ④400000
②⑦750万 ④850万
③⑦7000万 ④1億
④⑦9840万 ④9960万

考え方 **2** 数直線の1めもりがいくつずつふえているかを考えます。

---

33. ⑨ 大きい数のしくみ 33ページ

1 ①< ②< ③= ④>
⑤> ⑥< ⑦>
2 ①80000 ②20000 ③18

考え方 **1** ③3000+7000=10000
④200−10=190
⑤100−23=77、100−25=75
⑥2000+10=2010、
20000−100=19900
⑦1000−100=900
100+100=200

---

1 ①0 ②340 ③3400
2 ①300 ②560 ③780
3 ①(じゅんに)200、2000
②(じゅんに)4070、40700
4 ①6 ②82
5 ①72 ②35 ③40

考え方 **4** ÷10は、数のさいごの0を1つとります。

---

35. ⑩ かけ算の筆算(1) 35ページ

1 ①(じゅんに)3、2、60
②(じゅんに)4、3、120
③(じゅんに)6、7、420
④(じゅんに)2、6、1200
⑤(じゅんに)7、5、3500
2 ①360 ②120
③720 ④240
⑤490 ⑥100
⑦1500 ⑧3200
⑨2400 ⑩4500

考え方 0は考えずに、九九の計算をして、そのあとに0をつけます。

---

36. ⑩ かけ算の筆算(1) 36ページ

1 ①⑦30 ④6 ⑦36
②⑦6 ④3 ⑦6
2 ①48 ②93 ③28 ④80
⑤26 ⑥88 ⑦60

考え方 **2** 一の位からじゅんに計算をします。

---

37. ⑩ かけ算の筆算(1) 37ページ

1 ①⑦40 ④32 ⑦72
②⑦2 ④3 ⑦7
2 ①⑦420 ④36 ⑦456
②⑦6 ④5 ⑦4
3 ①51 ②50 ③72 ④162
⑤470 ⑥520 ⑦329 ⑧528

の位を計算し、くり上がる数を十の位の数にたします。

38. ⑩ かけ算の筆算（1） 38ページ

❶ ①⑦600　④30
　　⑦9　　　②639
　②⑦300　④240
　　⑦18　　②558

❷ ①690　②684　③906
　④867　⑤625

❸ 式　152×2＝304　　答え　304円

考え方 ❷ 一の位からじゅんに計算し、十の位や百の位へのくり上がりに気をつけます。

39. ⑩ かけ算の筆算（1） 39ページ

❶ ①1200　②280　③24　④1504
❷ ①2367　②2244　③1800　④7744
❸ ①480　②710　③480
　④1250　⑤9130　⑥4200

考え方 ❷
①　789
　×　3
　2367

②　561
　×　4
　2244

③　225
　×　8
　1800

④　968
　×　8
　7744

❸ ①80×3×2＝80×(3×2)
　　　　　　＝80×6
　②71×5×2＝71×(5×2)
　　　　　　＝71×10
　③60×4×2＝60×(4×2)
　　　　　　＝60×8
　④125×5×2＝125×(5×2)
　　　　　　　＝125×10
　⑤913×2×5＝913×(2×5)
　　　　　　　＝913×10
　⑥700×3×2＝700×(3×2)
　　　　　　　＝700×6

⑩ かけ算の筆算（1）

❶ ①210　②900　③3200
❷ ①39　②648　③278
　④5560　⑤306　⑥96
❸ ①8050　②1800
❹ 式　525×5＝2625　　答え　2625円
❺ 式　426×4＝1704
　　　　　　　　答え　1704 mL

考え方 ❷ ④くり上がりは、いくつくり上がるかていねいに計算をし、くり上がる数を小さく書くようにしましょう。
❸ 左からじゅんに計算していくと、たいへんになるものも、かけ算のきまりを使ってかんたんにできる場合があります。

おうちのかたへ （2けた）×（1けた）、（3けた）×（1けた）のかけ算の筆算はきちんとできるようにしておくことが大切です。

41. ⑪ 大きい数のわり算、分数とわり算 41ページ

❶ ①6　②3　③30
❷ ①40　②20　③10
　④10　⑤10
❸ 式　60÷6＝10　　答え　10こ
❹ ⑦40　④8　⑦10
　②2　⑦12
❺ ①22　②21　③11

考え方 ❺ 10のまとまりとばらに分けて計算します。

42. ⑪ 大きい数のわり算、分数とわり算 42ページ

❶ 式　40÷4＝10　　答え　10 cm
❷ ①式　90÷3＝30　　答え　30 cm
　②式　69÷3＝23　　答え　23 cm
❸ 式　20×4＝80　　答え　80 cm

考え方 ❶ 40 cm の $\frac{1}{4}$ の長さは、40 cm を 4 等分した長さだから、40÷4 のわり算の式でもとめることができます。

❶ ①中心　　　②半径
　③直径　　　④2倍

❷ ①12cm　　②4cm　　　③直線イエ

考え方 ❷ ①②直径の長さは、半径の長さの2倍になっています。
①6×2＝12(cm)
②8÷2＝4(cm)
③いちばん長い線は直径になります。

❶ ①　　　　　②

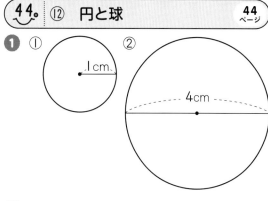

❷ ①イ　　　　　②ウ
❸

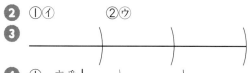

❹ ①
交番
病院
図書館
書店

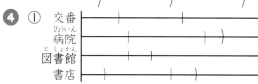

②図書館

考え方 ❷ 長さをうつしとって考えましょう。
❹ 直線をじゅんばんにうつしとります。
①家から病院へは、家→イ→エ→病院のほうが家→ア→ウ→病院よりも短くなります。また、家→書店は、家→オ→カ→書店がもっとも短くなります。

❶ ①円　　　　②(球の)中心
　③直線イウ…(球の)直径
　　直線アイ…(球の)半径
　④等しい　　⑤2倍

❷ ①円　　　　②ウ

❸ たて…4cm、横…10cm、高さ…2cm

考え方
❸

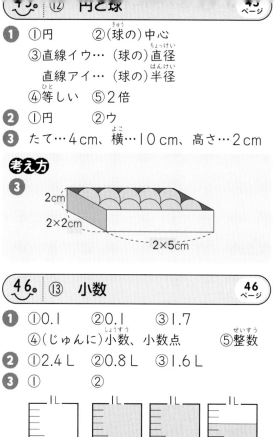

❶ ①0.1　　②0.1　　③1.7
　④(じゅんに)小数、小数点　　⑤整数

❷ ①2.4L　②0.8L　③1.6L

❸ ①　　　　②

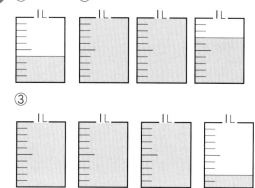

③

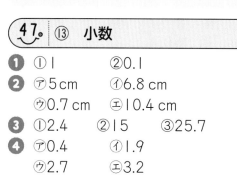

❹ ①0.8L　②1.5L

❺ 整数…0、4、8、25
　小数…0.5、2.7、12.3

考え方 ❷ ①1Lが2こと0.4Lをあわせたかさです。

❶ ①1　　　　②0.1

❷ ㋐5cm　　㋑6.8cm
　㋒0.7cm　㋓10.4cm

❸ ①2.4　　②15　　③25.7

❹ ㋐0.4　　㋑1.9
　㋒2.7　　㋓3.2

④ |めもりは 0.1 です。

48. ⑬ 小数 48ページ

① ①小数第一位　　②8
　③7　　　　④42

②

大きいじゅん（①、⑦、①、⑦）

③ ①＜　　②＜　　③＞　　④＞

考え方 ② |めもりは 0.1 です。

49. ⑬ 小数 49ページ

① ①（じゅんに）8、8、0.8
　②（じゅんに）|4、|4、1.4
　③（じゅんに）4、4、0.4
　④（じゅんに）5、5、0.5

② ①0.5　　②1.7
　③1.1　　④1.4
　⑤0.3　　⑥0.9
　⑦0.4　　⑧0.7

考え方 ② ③0.1 をもとにして考えると、
8＋3＝|| 0.1 が ||こで、0.8＋0.3＝1.1
⑤0.1 をもとにして考えると、7－4＝3
0.1 が3こで、0.7－0.4＝0.3

50. ⑬ 小数 50ページ

① ①8.7　　②6.3
　③7.6　　④6
　⑤5.5　　⑥9.6

② ①8.1　　②20.7

③ ①3.4　　②3.8
　③0.7　　④3
　⑤6.7　　⑥2.6

④ ①2.4　　②24.6

考え方 ① ④6.0
は6と同じ大き
さなので、0は
消します。

$$\begin{array}{r} 3.8 \\ +2.2 \\ \hline 6.0 \end{array}$$

③④は 4.0 と考えて
計算します。

$$\begin{array}{r} 4 \\ +1.5 \\ \hline 5.5 \end{array}$$

③ ④3.0 は3と
同じ大きさなの
で、0は消します。

$$\begin{array}{r} 7.4 \\ -4.4 \\ \hline 3.0 \end{array}$$

⑤8は 8.0 と考えて
計算します。

$$\begin{array}{r} 8 \\ -1.3 \\ \hline 6.7 \end{array}$$

51. ⑬ 小数 51ページ

① ①⑦0.7　　①0.7
　②⑦0.3　　①0.3
　③7
　④|7

② ①0.8　　②0.2
　③8　　　④48

考え方 ① 数直線を使って考えます。また
|.7 を、| といくつとみたり、0.1 の何こ
分と考えたりすると、いろいろな表し方が
できます。

52. ⑬ 小数 52ページ

① ①⑦|5.4　①|7.5　⑦|8.6
　②

② ①7.3　　②9.6　　③2.8

③ ①5.4　　②7　　　③7.5
　④4.8　　⑤|　　　⑥0.9

考え方 ③ ②⑤答えの小数第一位の0は消
します。
⑥⑨は 9.0 と考えて計算します。

おうちのかたへ 小数のたし算とひき算はとても大切
です。何回もくり返し練習しましょう。

❶ ①10　　②30
❷ ①8g　　②25g
　③34g　　④30こ分
　⑤はさみ　⑥8g
　⑦10g　　⑧はさみ

考え方 ❷ ⑧えん筆3本では24gです。

❶ ①1000g
　②10g
　③㋐…200g
　　㋑…650g
　　㋒…770g
❷ ①2000g　　　②3200g
❸ ①600g　　　②1kg500g
　③2kg350g　　④3kg200g
❹ ①
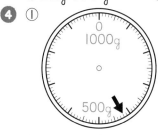
　②

考え方 1めもりが何gかをはじめに見ます。
❸は、1めもりが50gを表しています。

❶ ①式　200+900=1100
　　　　　　　　　　　答え　1100g
　②1kg100g
❷ 式　60-33=27　　　答え　27kg
❸ ①2000　　②5
　③7000　　④4
❹ ①1000　　②1000
　③1000　　④100

⭐ ①9あまり1
　　たしかめ…2×9+1=19
　②7あまり2
　　たしかめ…6×7+2=44
　③7あまり4
　　たしかめ…7×7+4=53
⭐ 式　35÷6=5あまり5　5+1=6
　　　　　　　　　　　答え　6箱
⭐ ①6740000　　②503000
　③256000　　　④99999
⭐ ①63　　②309　　③64
　④2000　　⑤228　　⑥4878
⭐ 式　63÷8=7あまり7
　　答え　1人分は7こになって、7こあまる。

考え方 ⭐ わる数×答え+あまり　の式
を使って答えのたしかめをします。
⭐ あまりの5こを入れる箱がもう1箱いり
ます。
⭐ ②一万の位はないので、0をわすれずに
書きましょう。
③千が6こで6千、千が50こで5万、千
が200こで20万になります。

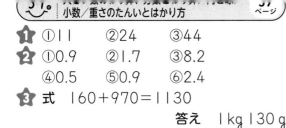

小数／重さのたんいとはかり方

⭐ ①11　②24　③44

⭐ ①0.9　②1.7　③8.2
　④0.5　⑤0.9　⑥2.4

⭐ 式　160＋970＝1130

　　　　　　　　答え　1kg130g

⭐ ①12cm　②10cm　③12cm
　④3cm

考え方 ⭐ 図をかいて考えましょう。

全部の重さ

かごの重さ 160g　じゃがいもの重さ 970g

58。⑮ 分数

❶ ①$\frac{3}{6}$ m　②$\frac{2}{3}$ m　③$\frac{1}{4}$ m　④$\frac{3}{4}$ m

❷ ①⑦$\frac{2}{5}$　④$\frac{4}{5}$
　②$\frac{2}{7}$

❸ ①

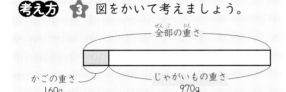

1m

②

1m

③

1m

考え方 ❶ ①1mを6等分した3こ分の
長さです。

59。⑮ 分数

❶ ①（じゅんに）2、$\frac{2}{5}$　②（じゅんに）5、$\frac{5}{6}$
　③（じゅんに）4、$\frac{4}{7}$　④（じゅんに）3、$\frac{3}{8}$

❷ ①分数　②分母　③分子　④$\frac{1}{5}$

❸ ①分母…6、分子…5
　②分母…7、分子…3

考え方 ❶ 1めもりは、1Lを何等分した
大きさになるかを見ると、①は5等分、②
は6等分、③は7等分、④は8等分です。
それぞれその何こ分あるかを考えます。

60。⑮ 分数

❶ ①⑦$\frac{1}{4}$　④$\frac{2}{4}$　⑦$\frac{3}{4}$　⓪$\frac{4}{4}$
　②⑦4　④1
　③⑦＜　④＞　⑦＝
　④$\frac{3}{4}$ m が $\frac{1}{4}$ m 長い。

❷ ①⑦$\frac{5}{4}$ m　④$\frac{6}{4}$ m　⑦$\frac{7}{4}$ m　⓪$\frac{8}{4}$ m
　②$\frac{7}{4}$ m が $\frac{2}{4}$ m 長い。

考え方 ❶ 0から1mの間を4等分して
いるので、1めもりの長さは$\frac{1}{4}$mです。

❷ 0から1mの間を4等分しているので、
1めもりは$\frac{1}{4}$mです。⑦、④、⑦、⓪の
めもりは、それぞれ$\frac{1}{4}$mの5こ分、6こ分、
7こ分、8こ分の長さと考えます。

61。⑮ 分数

❶ ①□…（じゅんに）10、10
　　□…＝
　②⑦$\frac{2}{10}$　④$\frac{4}{10}$　⑦$\frac{6}{10}$　⓪$\frac{8}{10}$　⑦$\frac{12}{10}$
　③⑦0.2　④0.4　⑦0.6
　⓪0.8　⑦1.2
　④$\frac{3}{10}$＜0.5
　$\frac{9}{10}$＝0.9

❷ ①＜　②＝　③＞
　④＞　⑤＜

考え方 $\frac{1}{10}$＝0.1 です。ともに10こあわ
せると1になる数です。

❶ 式 $\dfrac{2}{10}+\dfrac{5}{10}=\dfrac{7}{10}$　　　答え $\dfrac{7}{10}$ L

❷ ① $\dfrac{8}{10}$　　② $1\left(\dfrac{4}{4}\right)$　　③ $\dfrac{5}{6}$

❸ 式 $\dfrac{3}{5}-\dfrac{2}{5}=\dfrac{1}{5}$　　　答え $\dfrac{1}{5}$ L

❹ ① $\dfrac{3}{10}$　　② $\dfrac{2}{6}$　　③ $\dfrac{5}{8}$

考え方 ❷ ① $\dfrac{1}{10}$ が $(3+5)$こ→$\dfrac{1}{10}$ が8こ

❹ ① $\dfrac{1}{10}$ が $(8-5)$こ→$\dfrac{1}{10}$ が3こ

③ $1=\dfrac{8}{8}$　$\dfrac{8}{8}-\dfrac{3}{8}$ と考えて計算します。

63. ⑮ 分数　63ページ

❶ ① $\dfrac{4}{7}$ m　　② $\dfrac{9}{5}$ m

❷ ① <　　② >　　③ <
　④ <　　⑤ =　　⑥ =

❸ ①㋐ $\dfrac{2}{10}$　　㋑ $\dfrac{8}{10}$　　㋒ $\dfrac{11}{10}$

②

❹ ① $\dfrac{8}{9}$　　② $1\left(\dfrac{4}{4}\right)$　　③ $\dfrac{5}{6}$
　④ $\dfrac{3}{10}$　　⑤ $\dfrac{2}{8}$　　⑥ $\dfrac{3}{7}$

考え方 ❶ ① $1m$ を 7等分したうちの4こ分なので、$\dfrac{1}{7}$ の 4こ分で $\dfrac{4}{7}$ です。

❷ ④小数を分数になおし、分数どうしにして大きさをくらべます。0.8を分数になおすと $\dfrac{8}{10}$ なので、$\dfrac{7}{10}$ と $\dfrac{8}{10}$ の大きさをくらべます。

❸ はじめに、1めもりの大きさを考えます。1が10等分されているので、1めもりの大きさは $\dfrac{1}{10}$ です。㋐は1めもりの大きさの2こ分、㋑は8こ分、㋒は 11 こ分なので、それぞれ $\dfrac{2}{10}$、$\dfrac{8}{10}$、$\dfrac{11}{10}$ となります。

64. ⑯ □を使った式　64ページ

❶ ① $27+□=42$
　②式 $42-27=15$　　答え 15さつ

❷ ① $□-13=38$
　②式 $38+13=51$　　　答え 51人

考え方 わからない数があっても、□を使うと、お話の場面を式に表すことができます。また、問題文を図に表すと、式がたてやすくなります。

❷ ①(はじめの人数)－(帰った人数)
　＝(のこりの人数)です。

65. ⑯ □を使った式　65ページ

❶ ① $□×7=56$
　②式 $56÷7=8$　　　　答え 8こ

❷ ① $□÷6=9$
　②式 $9×6=54$　　　答え 54こ

考え方 ❶ (1人分のこ数)×(何人分)
＝(全部のこ数)を使って、式に表します。1人分は何こかをもとめるには、わり算を使います。

❷ (全部のこ数)÷(何人分)＝(1人分のこ数)を使って、式に表します。全部のこ数をもとめるには、かけ算を使います。

1 ①60　②90
③350　④480
⑤180　⑥720

2 ㋐39　㋑390

3 ①690　②480
③1800　④2800
⑤480　⑥1680

考え方 **1** 0をのぞいた1けたの計算をしてから、0をつけます。
①2×30=(2×3)×10=60

67。 ⑰ かけ算の筆算(2) 67ページ

1 ㋐240　　㋑288

2 ①234　②882　③736　④432

3 ①
```
      3 8
  ×   3 1
      3 8
  1 1 4
  1 1 7 8
```
②
```
      4 8
  ×   5 1
      4 8
  2 4 0
  2 4 4 8
```

③
```
      1 7
  ×   8 6
    1 0 2
  1 3 6
  1 4 6 2
```

4 ①1496　②1955　③2688
④703　⑤5184　⑥910

考え方 **2** かける数の一の位からかけ算をします。十の位のかけ算では、左に1つ位をずらして書くことに注意します。

68。 ⑰ かけ算の筆算(2) 68ページ

1 ①480　②2220

2 ①
```
      7
  × 2 8
    5 6
  1 4
  1 9 6
```
②
```
      6
  × 9 1
      6
  5 4
  5 4 6
```

```
  ×   4 8
  1 8 8 8
  9 4 4
  1 1 3 2 8
```
```
  ×   3 2
  1 2 3 0
  1 8 4 5
  1 9 6 8 0
```

4 ①3325　②10234　③14993

考え方 **1** はじめに一の位に0を書き、十の位の計算をしましょう。

2 (1けた)×(2けた)を(2けた)×(1けた)に入れかえて計算した方がかんたんになります。

3 (3けた)×(2けた)の筆算も、一の位からかけ算をして、かける数の十の位のかけ算は、左に1つ位をずらして書きます。

69。 ⑰ かけ算の筆算(2) 69ページ

1 ①69　②82
③45　④48
⑤50　⑥60
⑦900　⑧1000

2 式 21×4=84　　答え 84円

3 式 15×40=600　　答え 600人

考え方 **1** くり上がりに気をつけて暗算をしましょう。

3 15×4の計算をしてから10倍します。

70。 ⑰ かけ算の筆算(2) 70ページ

1 ①60　②160　③560

2 ①3036　②2176
③720　④6132
⑤8928　⑥28930

3 式 780×28=21840
　　　　　　　　答え 21840円

4 ①48　②93
③126　④480
⑤1230　⑥500

考え方 **4** くり上がりに気をつけて暗算をしましょう。

（1）（たす）×（ひく）の計算が、うまく
を使って暗算でできるようにしましょう。
2けたのかけ算がきちんとできるようにし
ておきましょう。

71. 倍の計算　71 ページ

1 式　12×4＝48　　　答え　48cm
2 式　13×3＝39　　　答え　39こ
3 式　60÷4＝15　　　答え　15倍
4 式　32÷8＝4　　　　答え　4倍

考え方 **3** **4** はもとにする長さ、回数でわ
る、わり算でもとめられます。

72. ⑱ 三角形と角　72 ページ

1 ①二等辺三角形
　②正三角形
2 ①イ、エ、キ、コ
　②ア、オ、ケ

考え方 **2** コンパスを使って、辺の長さを
くらべます。

73. ⑱ 三角形と角　73 ページ

1 ① ②
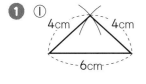 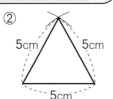

2 ① ②
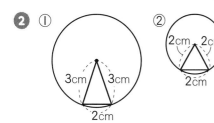

をかきます。

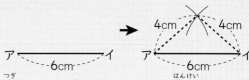

次に、アの点を中心にして、半径4cmの
円の部分をかきます。イの点を中心にして、
半径4cmの円の部分をかきます。2つの
円の部分の交わる点とアの点、イの点を直
線でむすびます。

74. ⑱ 三角形と角　74 ページ

1 ①ア辺　　　イちょう点　　　ウ角
　②大きさ
2 ①いとえ　　②いとえ、おとか
　③う
　④二等辺三角形、正三角形
　⑤二等辺三角形

考え方 **2** ④図1の三角じょうぎを2まい
ならべてできる三角形は、

　　二等辺三角形　　　正三角形

⑤図2の三角じょうぎを2まいならべてで
きる三角形は、

　　二等辺三角形

75. そろばん　75 ページ

1 アけた　　　イはり
　ウ定位点　　エ五だま
　オ一だま　　カわく
2 ア1　　　イ5　　　ウ定位点
3 ①132　　②406
4 ①48　　　②1.8
　③77　　　④189

考え方 **2** 一の位を定位点のあるところに
し、その左を十の位、百の位、…とします。

⭐1 10時50分

⭐2 ①4　②9　③9
　　④7　⑤5　⑥9

⭐3 ①831　②905　③8011
　　④516　⑤158　⑥476

⭐4 50m

⭐5 ①70　②91
　　③41　④27

考え方 ⭐1 11時10分の10分前が11時なので、11時の10分前の時こくになります。

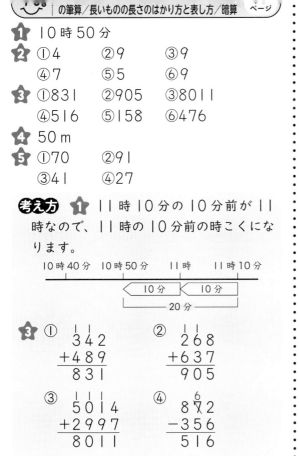

⭐3
①　　342
　＋489
　　831

②　　268
　＋637
　　905

③　　5014
　＋2997
　　8011

④　　872
　－356
　　516

⑤　　801
　－643
　　158

⑥　　4205
　－3729
　　476

⭐4 学校からゆうびん局までの道のりは、
250＋340＝590(m)
学校からゆうびん局までのきょりは540mだから、ちがいは、590－540＝50(m)です。

⭐1 ①6あまり2　②6あまり6
　　③4あまり6　④7あまり2
　　⑤9あまり1　⑥8あまり3

⭐2 ①7409000
　　②58000
　　③100000000

⭐3 ①48
　　②189
　　③602
　　④906
　　⑤2496
　　⑥2745

⭐4 ①23
　　②42
　　③11

⭐5 6cm

考え方 ⭐1 すべてわりきれないわり算です。答えがあっているかどうかのたしかめもしましょう。
①9×6+2＝56
②7×6+6＝48
③8×4+6＝38
④4×7+2＝30
⑤5×9+1＝46
⑥7×8+3＝59

⭐3
①　24
　×　2
　　48

②　63
　×　3
　189

③　86
　×　7
　602

④　302
　×　3
　906

⑤　416
　×　6
　2496

⑥　549
　×　5
　2745

⭐5 円の直径が正方形の1辺の長さと等しくなります。円の直径は12cmなので、半径はその半分の6cmです。

⭐ ①5.6　　②7.3　　③4.9
④1.5　　⑤53.6

⭐ 式　300＋900＝1200
1200 g＝1 kg 200 g
答え　1 kg 200 g

⭐ ①$\frac{4}{5}$　　②$1\left(\frac{8}{8}\right)$
③$\frac{1}{9}$　　④$\frac{8}{10}$

⭐ ①1008
②3220
③4800
④3266
⑤42081

⭐

2cm　2cm
3cm

考え方 ⭐ 1000 g＝1 kg だから、
1200 g＝1 kg 200 g

⭐ ①
$$\begin{array}{r}28\\\times36\\\hline168\\84\\\hline1008\end{array}$$
②
$$\begin{array}{r}46\\\times70\\\hline3220\end{array}$$

③
$$\begin{array}{r}75\\\times64\\\hline300\\450\\\hline4800\end{array}$$
④
$$\begin{array}{r}142\\\times23\\\hline426\\284\\\hline3266\end{array}$$

⑤
$$\begin{array}{r}507\\\times83\\\hline1521\\4056\\\hline42081\end{array}$$

東京書籍版・小学算数3年